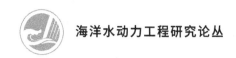

海洋水动力工程研究论丛

Hydrodynamic Research and
Application of Coastal Power Plant in
Rough Swell Sea Area

强涌浪海域滨海电站水动力关键技术研究及应用

刘海成 谭忠华 杨会利 陈汉宝 周志博 著

人民交通出版社股份有限公司

北 京

内 容 提 要

本书围绕滨海电厂建设过程中水环境生态保护的关键问题,主要包括以下几方面:利用自主开发的全球水文模型,形成多物理场海洋水动力模拟与评估技术;采用现场调查、数学模型等手段,建立近岸水环境全息调查技术,研发基于珊瑚移植技术的环境修复措施;开发全过程三维泥沙运移模拟模型,形成全海域悬浮物围控等系列技术。通过上述技术的实施,满足了滨海电厂建设过程中高标准的环境要求。

本书适合从事强涌浪海域滨海电站水动力研究的科技人员和港口、海岸及近海工程专业高校师生学习参考。

图书在版编目(CIP)数据

强涌浪海域滨海电站水动力关键技术研究及应用/刘海成等著. — 北京：人民交通出版社股份有限公司,2023.9

ISBN 978-7-114-18974-6

Ⅰ.①强… Ⅱ.①刘… Ⅲ.①海滨—发电厂—涌浪—水动力学—研究 Ⅳ.①TM62

中国国家版本馆 CIP 数据核字(2023)第 170913 号

Qiangyonglang Haiyu Binhai Dianzhan Shuidongli Guanjian Jishu Yanjiu ji Yingyong

书　　名：	强涌浪海域滨海电站水动力关键技术研究及应用
著 作 者：	刘海成　谭忠华　杨会利　陈汉宝　周志博
责任编辑：	崔　建
责任校对：	孙国靖　刘　璇
责任印制：	张　凯
出版发行：	人民交通出版社股份有限公司
地　　址：	(100011)北京市朝阳区安定门外外馆斜街 3 号
网　　址：	http://www.ccpcl.com.cn
销售电话：	(010)59757973
总 经 销：	人民交通出版社股份有限公司发行部
经　　销：	各地新华书店
印　　刷：	北京虎彩文化传播有限公司
开　　本：	720×960　1/16
印　　张：	13.5
字　　数：	234 千
版　　次：	2023 年 9 月　第 1 版
印　　次：	2023 年 9 月　第 1 次印刷
书　　号：	ISBN 978-7-114-18974-6
定　　价：	58.00 元

(有印刷、装订质量问题的图书,由本公司负责调换)

编 委 会

著 作 者： 刘海成　　谭忠华　　杨会利　　陈汉宝
　　　　　　周志博

参与人员： 张亚敬　　黄美玲　　沈文君　　李　焱
　　　　　　刘海源　　陈松贵　　耿宝磊　　栾英妮
　　　　　　刘　针　　阳志文　　戈龙仔　　徐亚男
　　　　　　彭　程　　管　宁　　高　峰　　孟祥玮
　　　　　　姜云鹏　　张慈珩　　赵　鹏　　欧阳锡钰
　　　　　　赵　旭　　金瑞佳　　齐作达　　刘鸣洋
　　　　　　胡　克　　胡杰龙　　朱颖涛　　亢戈霖
　　　　　　朱婷婷　　王依娜　　王　昊　　刘　波
　　　　　　鲁友祥　　段自豪　　胡传琦　　熊　岩
　　　　　　马　隽　　张　维　　于　滨

前　言

习近平总书记在2013年10月提出建设"21世纪海上丝绸之路"（简称"海上丝路"），与"丝绸之路经济带"共同构成"一带一路"倡议。"海上丝路"是我国资源、能源面向南亚、中东、非洲和欧洲的主要通道，承担了我国85%以上的国际贸易运输任务。"海上丝路"海洋（岸）工程建设是实现"一带一路"倡议的重要保障，主要涉及交通、电力、油气等方面。如近年中国企业海外投资、建设、运营的码头，65%分布于"海上丝路"沿线。

"海上丝路"途经长距离涌浪海区，沿线有近70%岸线处于强涌浪海域，该沿线几千公里的开敞海域，水动力条件复杂，给沿线海洋（岸）工程建设带来巨大挑战。目前，国内陌生海域长周期波浪动力特性研究不深，将会造成"一带一路"倡议中的很多涉海工程在项目前期面临未知风险和商务风险，而国内还没有涵盖丝路沿线全程水动力数据和相关研究来支撑中国企业"走出去"服务"一带一路"倡议。强涌浪海域的波浪波高大、周期长、长时间强浪，与国内周期短、季节性、年均较弱的波浪特性形成鲜明对比，使得我国涉海工程的相关技术规范在该海域不适用，无法取得国际上和属地国的认可，造成丝路沿线涉海工程推进难度加大。国外滨海电站海洋（岸）工程建设有着更复杂技术要求和严格的环保需求。"海上丝路"沿线的滨海电站配套水工工程在强浪、高温、高盐、高湿条件下，其水动力、温排水、泥沙运动等模拟采用国内的现有方法不再适用，面临更大挑战。

本书选取了印度尼西亚爪哇岛南海岸沿岸几个典型滨海电站海工工程，采用实地调查、现场观测、试验研究和理论分析等方法，对其在设计、建设及运营期的问题及技术难点进行了系统、全面深入的研究,形成了系列强涌浪海域滨海电站水动力关键技术,主要研究成果如下:

(1)研发了强涌浪海域滨海电站水动力成套关键技术,有效考虑了涌浪、潮流、泥沙、温排水扩散和取排水安全等多因素对工程设计、建设及安全运营的影响。并针对强涌浪海域滨海电站及港口工程防护形式进行了研究,包括护面块体、护底块体等。

(2)研究了强涌浪海域防波堤透浪对系泊船稳定性的影响,提出了 $9 \sim 18s$ 涌浪条件下中小型船舶装卸及系泊作业允许波高标准,其成果为"一带一路"沿线中长周期条件下的滨海电站及港口工程提供了技术支撑。

(3)通过系列物理模型试验研究,建立了强涌浪作用下引水箱涵消浪设施的设置方法,保障了滨海电站的取水安全;考虑波浪辐射应力对温排水扩散的影响,准确模拟了"海上丝路"沿线海域强浪条件下的温排水扩散,兼顾了丝路沿线滨海电站取排水工程环境与工程效益。

本书的出版得到了相关领导和同事的帮助和支持,在此表示衷心感谢!由于强涌浪海域水动力条件的复杂性和随机性,对"一带一路"沿线滨海电站海工工程的影响和作用不仅限于书中所述,另外也未考虑印度洋北岸印度尼西亚海啸灾害、孟加拉湾风暴潮灾害等,在以后的研究中应加以考虑。

限于著者水平,本书如有错误和不足之处,敬请读者指正。

作 者

2023 年 2 月

目 录

- 第1章 绪论 ··· 1
  - 1.1 研究背景 ··· 1
  - 1.2 强涌浪海域海洋水动力特征及滨海电站海工工程关键技术问题 ······ 3
  - 1.3 强涌浪海域滨海电站海工工程示范 ··· 7
- 第2章 强涌浪海域波浪动力条件模拟研究与示范应用 ······················· 10
  - 2.1 陌生海域波浪动力模拟技术 ··· 10
  - 2.2 北印度洋外海波浪条件与示范应用 ·· 19
  - 2.3 示范工程1波浪条件研究 ··· 21
  - 2.4 示范工程2波浪条件研究 ··· 31
  - 2.5 示范工程3波浪条件研究 ··· 44
  - 2.6 全球海洋水动力数据分析系统 ·· 52
- 第3章 强涌浪海域滨海电站海工工程泥沙模拟研究与示范应用 ·········· 56
  - 3.1 涌浪潮流作用下泥沙条件模拟技术 ·· 56
  - 3.2 强涌浪海域泥沙环境分析与示范 ··· 65
  - 3.3 示范工程1泥沙冲淤影响分析研究 ··· 76
  - 3.4 示范工程2泥沙冲淤影响分析研究 ··· 90
  - 3.5 示范工程3泥沙冲淤影响分析研究 ··· 93
- 第4章 强涌浪海域滨海电站热扩散模拟研究与示范应用 ··················· 108
  - 4.1 热扩散数值模拟技术 ·· 108
  - 4.2 背景场条件研究与分析 ··· 113
  - 4.3 示范工程2热扩散模拟研究 ·· 119
  - 4.4 示范工程3热扩散模拟研究 ·· 134
- 第5章 强涌浪海域滨海电站水工模型研究与示范应用 ······················ 154
  - 5.1 强涌浪海域涌浪作用下船舶系泊物理模型模拟研究 ················· 154

5.2　强涌浪海域取水暗涵消浪模型模拟研究 …………………… 174
　　5.3　强涌浪海域滨海电站取水泵房流道模型模拟研究 …………… 180
第6章　结论与展望 ………………………………………………………… 198
　　6.1　主要结论 …………………………………………………… 198
　　6.2　展望 ………………………………………………………… 200
参考文献 …………………………………………………………………… 201

第1章 绪　　论

1.1　研 究 背 景

1.1.1　建设"21世纪海上丝绸之路"倡议及重要性

习近平总书记在2013年10月提出建设"21世纪海上丝绸之路"(以下简称"海上丝路"),与"丝绸之路经济带"共同构成"一带一路"倡议。"海上丝路"是我国资源、能源面向南亚、中东、非洲和欧洲的主要通道,承担了我国85%以上的国际贸易运输任务。"海上丝路"海洋(岸)工程建设是实现"一带一路"倡议的重要保障。"海上丝路"海洋(岸)工程建设,主要涉及交通、电力、油气和通信等方面,包括附属的港口建设、滨海电站、油气输送管道和通信基站的建设。港口和电力作为基础设施的重要组成部分,是"一带一路"建设国际合作的重点领域。中国与"一带一路"沿线国家在电源项目开发、电网互联互通、电力产能合作等方面具有广阔的合作前景。从近些年中国企业海外投资、建设、运营的码头情况来看,其65%分布于21世纪海上丝绸之路沿线,中国企业已参与十余个"海上丝路"沿线国家港口项目的建设。

1.1.2　涌浪海区是"海上丝路"的海工工程建设的巨大挑战

根据国家"十三五"国家规划及第十二届全国人民代表大会中政府明确提出,2016年我国将优化区域发展格局,深入推进"一带一路"建设。国家战略谋求以海上重要港口为关键节点,与沿线各国开放合作共建通畅安全高效的运输通道。这些规划节点包含了中国福建沿海—广东沿海—中国南海—越南河内—吉隆坡—雅加达—科伦坡—加尔各答—内罗华经亚丁湾、红海过苏伊士运河—欧洲,终点为欧洲最大海港鹿特丹。"海上丝路"跨越了东南亚、南亚、西亚、北非、欧洲等各大地区,国家分布范围广,大部分地区发展程度不高,自然条件较差,尤其在印度洋北部和非洲东海岸等地区更是如此。

"海上丝路"途经长距离涌浪海区,给沿线海工工程建设带来巨大挑战。"海上丝路"沿线有近70%岸线处于强涌浪海域,而印度洋几千公里的开敞海域,产生的波浪特征主要有三个:一是波高大,最大在10m以上;二是周期长,波浪周期多在10s以上,甚至到30s以上;三是常年波浪强,平均波高达到2m。另外,"海上丝路"海域乃至全球各大海区海洋动力差异巨大,例如中国的亚热带季风气候,印度尼西亚(也简称印尼)的热带雨林气候,孟加拉湾的热带季风气候,红海、阿拉伯海、亚丁湾的热带沙漠气候,地中海的地中海气候,气候差异明显,波候差异显著。这给"海上丝路"沿线的海洋(岸)工程建设带来了许多难题,主要的技术难点体现在:一是波浪非线性强,与建筑物相互作用及其破碎冲击更加复杂;二是水质点运动速度大,浅水效应显著,与海底的相互作用增强、冲刷显著、机理不明。因此这些情况与国内已有的海工工程条件、经验、技术存在很大差异。

中国的标准不适用于"一带一路"涌浪海区(强涌浪海域)海工工程建设。由于中国海岸波浪广义地说都是风浪,各海域近岸代表区域的波浪平均周期2.3 ~ 7.5s,渤海和黄海中部的平均周期小于5s,其余海域的平均周期多在5 ~ 7.5s之间,因此长周期波出现的概率很低。在我国目前现行的港口规范中给出的船舶装卸作业的允许波高值中适用于波浪平均周期小于或等于8s的情况,对于"海上丝路"沿线强涌浪海域开敞海域10 ~ 30s长周期的允许波浪条件,则需要通过模型试验加以确定。

1.1.3 滨海电站海工工程有更复杂的要求和技术需求

"海上丝路"滨海电站建设是"走出去"的重要工程建设内容。"一带一路"国家,尤其是东南亚和南亚国家,电力资源开发利用程度、人均装机和发用电量水平远低于发达国家或较发达国家。据公开资料,"一带一路"国家人均电力装机为330W,远低于世界平均水平800W。其中,南亚、东南亚、西亚和北非四个地区的人均装机容量水平最低,除新加坡外,东南亚地区的人均装机略高于300W,南亚则更低只有150W左右。"一带一路"沿线区域的用电总量近年整体增速低于5%,2016年达到5.2万亿kW·h,总量接近我国水平。"一带一路"沿线区域的人口接近我国3倍,人均年用电量不到1700kW·h,低于全球平均3000kW·h,也低于我国水平4000kW·h。其中,南亚、东南亚、中亚及非洲的用电水平最低。根据国际能源署、国家商务部的相关统计显示,在"一带一路"沿线国家中,南亚、东南亚、中亚及非洲是目前电力供应紧张国家分布较集中的区域。

滨海电站海工工程有复杂的工程要求。为了满足"海上丝路"重要国家之一——印度尼西亚的电力需求,近十年来,我院完成了包括Cilacap、Adipala、

Pacitan、Banten、Aceh、Batam、Labuan、Jeneponto、Kaltim、Kalbar 等多个滨海电厂水工工程关键技术研究。其中，Cilacap、Adipala、Pacitan 均位于北印度洋印尼海岸。北印度洋数千公里常年受到强涌浪的侵袭，波浪条件十分恶劣及复杂；另外，北印度洋海岸主要国家印尼许多区域为沙质海岸，在强涌浪的作用下，泥沙条件也非常复杂。因此，与印度尼西亚其他电厂相比，以上几个滨海电厂海工工程的建设与实施所面临着许多难题。滨海电厂海工工程是电厂的重要组成部分，其设计与布置是否合理，直接决定了电厂是否能够安全经济运行。滨海电厂海工工程主要包含电厂取排水、温排水热扩散、流道水力学及配套港口工程泥沙淤积、系泊安全等系列问题。滨海电厂海工工程设计是否安全经济，主要取决于工程所处海域的水动力条件，包括气象条件、波浪条件、潮流动力及泥沙条件。本书以印度尼西亚芝拉扎滨海燃煤电站（简称"芝拉扎电厂"）海工工程为例，对"一带一路"强涌浪海域涌浪海区滨海电厂海工工程系列水动力条件开展研究，其研究成果对涌浪海区其他滨海电站海工工程设计具有一定的指导和参考价值。

1.2 强涌浪海域海洋水动力特征及滨海电站海工工程关键技术问题

1.2.1 强涌浪海域海洋水动力特征

强涌浪海域（"海上丝路"70%岸线），包括印度尼西亚、缅甸、孟加拉国、印度、巴基斯坦、斯里兰卡、以色列等国海岸线。

(1) 气候特征。强涌浪海域各局部区域气候特征差异巨大，例如印度尼西亚的热带雨林气候，孟加拉湾的热带季风气候，红海、阿拉伯海、亚丁湾的热带沙漠气候，地中海的地中海气候，气候差异明显，波候差异显著。

(2) 波浪特征。印度洋几千公里的开敞海域，产生的波浪特征主要有三个：一是波高大，最大在 10m 以上；二是周期长，波浪周期多在 10s 以上，甚至达到 30s 以上；三是常年波浪强，特别是印度尼西亚面向印度洋的海岸线，平均波高达到 2m。

(3) 潮汐潮流特征。强涌浪海域各局部区域潮汐潮流特征差异巨大，印度尼西亚面向印度洋海岸线潮流动力非常弱，受季节性的洋流影响；孟加拉湾受地形影响，属于强潮海湾，最大潮流流速可达 3m/s。

东南亚海域 2 月、8 月流场分别如图 1-1、图 1-2 所示。全球平均波高分布 −2m 等值线如图 1-3 所示。

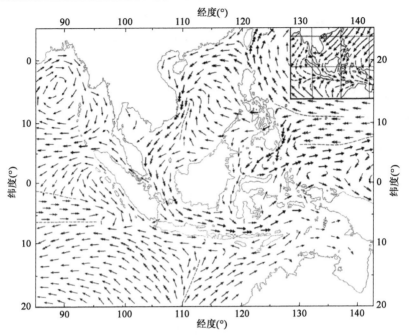

图 1-1　东南亚海域 2 月流场图

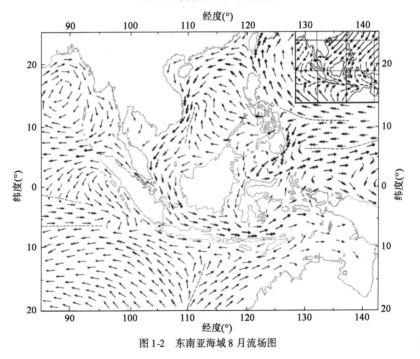

图 1-2　东南亚海域 8 月流场图

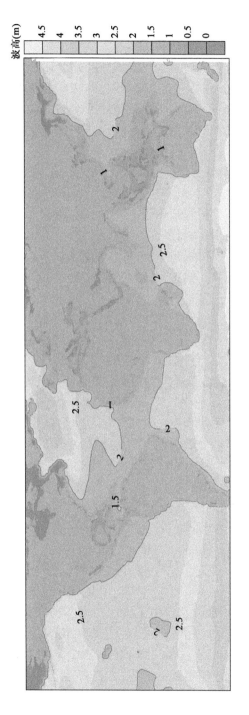

图1-3 全球平均波高分布-2m等值线（单位：m）

1.2.2 强涌浪海域滨海电站海工工程关键技术问题

本项目的示范工程位于印度尼西亚爪哇岛的南岸,面向印度洋,潮弱浪强。实测的年平均波高约为1.5m,平均周期为12.7s,该海区波浪条件恶劣,近岸破波带宽广,沙质海岸在波浪的作用下处于非常活跃的状态,水体浑浊。在恶劣的海洋水动力环境下,强涌浪海域"一带一路"沿线的滨海电站在建设和运行过程中均出现了一系列的问题与技术难点。

(1)强涌浪海域波浪条件恶劣,出现强浪条件下滨海电厂海工工程结构破坏。以位于印度尼西亚爪哇岛南岸的示范工程1(芝拉扎电厂一期工程)为例,印度洋及地中海等海域常年遭受10~20s涌浪作用,且波能大,对滨海电站海工结构物的防波堤及导流堤破坏性极大。实测的年平均波高约为1.5m,平均周期为12.7s,该海区波浪条件恶劣,近岸破波带宽广,芝拉扎电厂一期工程建成后,由于波浪条件恶劣,防波堤受波浪水流等作用发生了破坏。

(2)强涌浪海域沙质海岸近岸泥沙条件恶劣,出现强浪、强流和取水共同作用下的取水明渠及港池回淤。以位于印度尼西亚爪哇岛南岸的示范工程1(芝拉扎电厂一期工程)为例,由于该海区波浪条件恶劣,近岸破波带宽广,近岸破波带内受较强波浪动力影响,水体挟沙力显著增强,含沙量剧增,实测破波带内的最大含沙量可至10kg/m³以上,一般也在0.8~0.9kg/m³;沙质海岸在波浪的作用下处于非常活跃的状态,水体浑浊。港池、航道及堤防工程修建后,改变了原有的地形、地貌及水文动力条件,加上取排水的影响,电厂周边海域的泥沙冲淤情况可能发生较大的变化。在长周期涌浪作用下出现了严重的泥沙淤积,一期取水明渠的累积清淤厚度高达9.25m/年,二期取水口附近3个月泥沙淤积厚度达0.5m。目前,示范工程1(一期工程)取水明渠需持续疏浚,以确保电厂的正常运行,淤积问题是该工程的主要问题之一。另外示范工程3(三期工程)机组取水量大,取水口与示范工程1(一期工程)取水口共用取水明渠。因此,其自身取水的稳定性及其对一期取水口的影响也是需要解决的问题之一。

(3)强涌浪海域长周期波浪作用下,防波堤和隔热堤产生透浪影响温排水的扩散。以位于印度尼西亚爪哇岛南岸的示范工程1(芝拉扎电厂一期工程)、示范工程3(芝拉扎电厂三期工程)为例,由于海洋动力环境条件恶劣,防波堤建成后受波浪水流等作用发生破坏,防波堤的透浪透流增大,将造成防波堤东侧的温排水随着防波堤透浪透流直接进入港池内,然后输移至取水口。

(4)强涌浪海域长周期波浪作用下,船舶作业允许标准及作业天数的确定。以位于印度尼西亚爪哇岛南岸的示范工程4(印度尼西亚gama电厂)为例,本项目根据我国《海港总体设计规范》(JTS 165—2013)进行设计,在进行船舶作业允许标准及作业天数确定时未考虑长周期波的影响,导致码头作业天数无法满足,严重影响实际运营。

(5)强涌浪海域长周期波浪作用下,取水泵房水位波动较大并出现有害漩涡。以位于印度尼西亚爪哇岛南岸的示范工程2(芝拉扎电厂二期工程)、示范工程3(芝拉扎电厂三期工程)为例,一、三期工程共用取水明渠,三期工程取水口初始布置直接正对明渠入口,外海波浪由外海传至取水明渠,再经由取水暗沟进入泵房后,在泵房内引起水位波动。由于工程所在海域波浪条件恶劣,外海波浪传至取水泵房内引起的水位波动可能会超过泵房内水位波动要求。另外,由于现已建成的二期1×660MW扩建工程循环水系统包括两台循环水泵和两台脱硫泵,经试运行时发现循环水泵A和循环水泵B存在轴向突振,甚至出现掉泵的情形,另外A泵振动比B泵严重。

1.3 强涌浪海域滨海电站海工工程示范

印度尼西亚芝拉扎燃煤电站位于印尼Java岛中部南海岸,Cilacap市区东北部,南面毗邻印度洋,地理坐标是7°41′15.71″S,109°5′18.66″E。芝拉扎燃煤电站现有2×300MW+1×660MW燃煤机组,已先后建成投产。立足于电站现有条件,目前正在建设1×1000MW(同时考虑未来再扩建1×1000MW机组)超临界燃煤机组(三期及三期扩建项目),同步建设海水脱硫装置。芝拉扎燃煤电站隶属于印度尼西亚国家电力公司,中国成达工程有限公司进行EPC总承包。芝拉扎燃煤电站配套取水明渠、排水口隔热堤、港区防波堤及码头等海工工程设施。

一期工程(示范工程1):装机2×300MW燃煤机组。工程涉水建筑物主要包括码头及泊位、防波堤、取排水口等,呈双堤环抱式布局,港区口门位于-7m等深线附近(图1-4)。其中,西堤兼作取水口明渠,长度为400m;东堤掩护港内泊稳及阻挡邻近河流来沙,长度920m。

二期工程(示范工程2):装机1×660MW燃煤机组。工程涉水建筑物主要包括码头及泊位、防波堤、取排水口及导流堤等。其中,包括1个14000t驳船泊位、1个55000t的散货泊位、新建防波堤总长1530m、新建导流堤总长350m；二期工程取水口位于一期工程已建成港池内，二期排水口位于一期工程排水通道口附近，二期工程灰场位于二期厂区东侧，隔热堤位于一期工程排水通道与外海间的自然沙洲上，护岸部分为二期工程厂区护岸。

图1-4 电厂布置图(一期)

三期工程及三期扩建工程(示范工程3)：装机1×1000MW(同时考虑未来再扩建1×1000MW机组)超临界燃煤机组。工程涉水建筑物主要包括取水明渠、排水口隔热堤等工程设施。取水方案采用东侧进水设计方案在原取水东堤距岸约50m处向海侧开口，形成明渠入口；新建三期导流堤在二期导流堤基础上向东侧延伸280m。

取排水系统总平面图如图1-5所示。

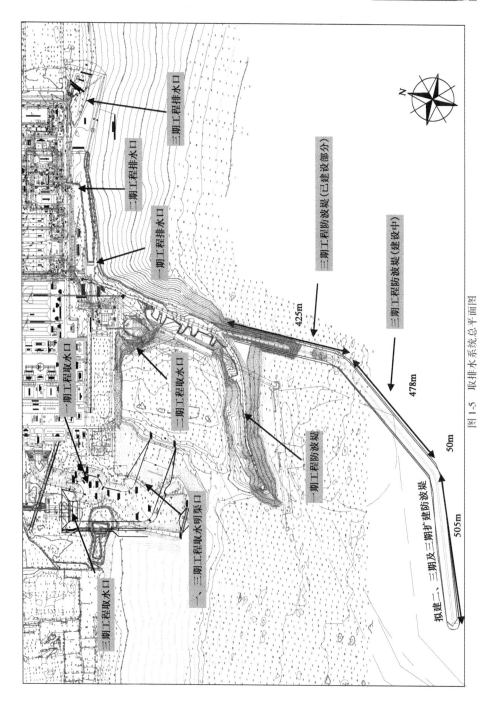

图1-5 取排水系统总平面图

第 2 章 强涌浪海域波浪动力条件模拟研究与示范应用

2.1 陌生海域波浪动力模拟技术

根据研究内容及工程特点,针对波浪研究的研究思路主要为:

(1)采用2年近岸和外海不同位置处(位置见图2-1,外海1～3号点到工程区距离分别为2500km、1500km和800km)的风速预报资料建立近岸与外海风速关系,并根据近岸长期实测风速得到的不同重现期风速推算外海不同重现期风速。

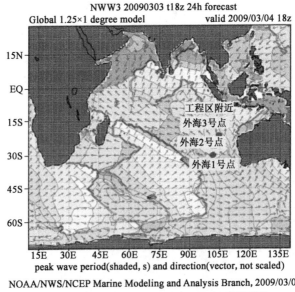

图 2-1 印度洋海区波浪周期、波向预报资料(摘自 KNMI 网站)

注:NWW3 20090303 t18z 24h forecast 翻译为 NWW3 20090303 t18z 24 小时预报;Global 1.25x1 degree model 翻译为全球1.25x1°模型;peak wave period(shaded,s) and direction(vector, not scaled) 翻译为谱峰周期(单位,s)和波向(矢量,无缩尺);NOAA/NWS/NCEP Marine Modeling and Analysis Branch, 2009/03/03 翻译为 NOAA/NWS/NCEP 海洋模型及分析机构,2009-03-03。横坐标为经度(°),纵坐标为纬度(°)。

(2) 采用风成浪计算方法推算外海不同重现期风浪。

(3) 根据 2 年近岸和外海不同位置处波浪预报结果得到外海与工程区波浪相关关系,进而根据外海不同重现期波浪推算近岸(−40m 等深线处)波浪结果。

(4) 近岸波浪周期根据涌浪预报结果,采用波高周期联合分布方法进行计算。

(5) 采用 MIKE21 中 BW 模型计算工程建设后的波浪场分布。

(6) 分析不同方案的波浪条件。

2.1.1 大范围波浪计算方法

2.1.1.1 不同重现期风速推算方法

首先,采用皮尔逊Ⅲ型曲线适线法计算不同重现期风速值,然后根据风速利用相关公式推算不同重现期设计波要素。皮尔逊Ⅲ型曲线是皮尔逊曲线族中的一种线形,是纯经验性的。皮尔逊Ⅲ型曲线概率密度公式为:

$$\frac{\mathrm{d}y}{\mathrm{d}x} = \frac{(x+d)y}{b_0 + b_1 x + b_2 x^2} \tag{2-1}$$

式中:y——概率分布曲线;

x——样本值;

d——样本均值与众值的差;

b_0、b_1、b_2——待定参数。

积分后可得频率曲线的函数 y。由于式中各参数 b_0、b_1、b_2 的不同,使 $b_0 + b_1 x + b_2 x^2 = 0$ 中的两个根有各种解。由这些不同根的组合,使积分后的 y 值有各种不同结果。皮尔逊把它分成 13 种线形,皮尔逊Ⅲ型就是其中的一种线形。

当 $b_2 = 0$ 时,就是皮尔逊Ⅲ型曲线,即:

$$\frac{\mathrm{d}y}{\mathrm{d}x} = \frac{(x+d)y}{b_0 + b_1 x} \tag{2-2}$$

皮尔逊Ⅲ型曲线方程为:

$$f(x) = \begin{cases} \dfrac{\beta^\alpha}{\Gamma(\alpha)} (x-r)^{\alpha-1} \mathrm{e}^{-\beta(x-r)} & (x \geq r) \\ 0 & (x < r) \end{cases} \tag{2-3}$$

式中:α——形状参数;

β——尺度参数;

r——位置参数。

以上参数可用各阶矩来表示,但估计重现期时,常用离差系数 C_v 和偏差系数 C_s 表示。

离差系数 C_v 是反映数列离散度的大小,即:

$$C_v = \frac{\sigma}{\bar{x}} = \frac{1}{\bar{x}}\sqrt{\frac{\sum_{i=1}^{n}(x_i - \bar{x})^2}{n-1}} = \sqrt{\frac{\sum_{i=1}^{n}(K_i - 1)^2}{n-1}} = \sqrt{\frac{\sum_{i=1}^{n}K_i^2 - n}{n-1}} \quad (2\text{-}4)$$

式中:$K_i = \frac{x_i}{\bar{x}}$——模比系数;

$\frac{\sum_{i=1}^{n}(x_i - \bar{x})^2}{n-1}$——$\sigma^2$ 的无偏估计。

在海洋工程设计中,要根据海洋要素的频率曲线来求多年一遇极值,即要求出给定频率 $P(\%)$ 的对应极值 x_p,这可由下式解出 x_p 值:

$$P' = P(x \geq x_p) = \frac{\beta^\alpha}{\Gamma(\alpha)}\int_{x_p}^{\infty}(x-r)^{\alpha-1}e^{-\beta(x-r)}dx \quad (2\text{-}5)$$

用代换积分法,令 $t = \beta(x - r)$,得:

$$P' = \frac{\beta}{\Gamma(\alpha)}\int_{t_p}^{\infty}t^{\alpha-1}e^{-t}dt \quad (2\text{-}6)$$

式中,$t_p = \beta(x_p - r)$;$\frac{1}{\beta} = \frac{\bar{x}C_v C_s}{2}$;$r = x - (a+d) = \bar{x} - \frac{2\bar{x}C_v}{C_s}$。

继而可得:

$$\frac{x_p - \bar{x}}{\bar{x}} = \frac{C_v C_s}{2}t_p - \frac{2C_v}{C_s} \quad (2\text{-}7)$$

令

$$\Phi = \frac{C_s}{2}t_p - \frac{2}{C_s} \quad (2\text{-}8)$$

$$K_p = \frac{x_p}{\bar{x}} \quad (2\text{-}9)$$

则:

$$x_p = (\Phi C_v + 1)\bar{x} \quad (2\text{-}10)$$

由

$$\Phi = \frac{x_p - \bar{x}}{\bar{x}C_v} = \frac{K_p - 1}{C_v} \quad (2\text{-}11)$$

$$K_p = \Phi C_v + 1 \tag{2-12}$$

则：
$$x_p = K_p \bar{x} \tag{2-13}$$

因此，只要从观测资料中计算出样本的统计量 $\bar{x}$、C_v 和 C_s 值，皮尔逊Ⅲ型曲线方程即可确定。计算中选择 6 个代表计算簇，反映 C_v 和 C_s 的关系，通过计算曲线与实测数据点间的差值，应用最小二乘法得到最佳适线。根据适线结果即可推求不同重现期的风速，进而推求不同重现期的波要素。

2.1.1.2 风成浪计算方法

对风速进行高度、陆海订正，风区长度计算考虑建筑物、岛屿和陆域的影响，取合适的步长，使得每步的水深变化小于 0.2m，分步计算风浪的成长变化。对 $d/U^2 > 0.2$ 的深水风浪波高计算采用下式：

$$\frac{gH_s}{U^2} = 5.5 \times 10^{-3} \left(\frac{gF}{U^2}\right)^{0.35} \tag{2-14}$$

$$\frac{gT_s}{U} = 0.55 \left(\frac{gF}{U^2}\right)^{0.233} \tag{2-15}$$

$$\frac{gF}{U^2} = 0.012 \left(\frac{gt}{U}\right)^{1.3} \tag{2-16}$$

上述式中：g——重力加速度（m/s²）；
  H_s——有效波波高（m）；
  T_s——有效波周期（s）；
  F——风区长度（m）；
  t——风时（s），工程海区为季风气候，选取 6h 作为计算风时。

2.1.1.3 波浪周期计算方法

根据波浪预报结果，工程外海波浪周期较长，且周期与波高对应关系不明显，因此采用波高和周期的联合分布模式，计算不同重现期波高对应周期。关于波高和周期的长期联合分布的模式，Ochi 曾提出 5 参数（$\mu_h, \sigma_h, \mu_t, \sigma_t, \rho_{ht}$）的二元对数正态分布密度表示式：

$$f(H,T) = \frac{1}{2\pi\sqrt{1-\rho_{ht}^2}\sigma_h\sigma_t HT} \exp\left\{\frac{-1}{2(1-\rho_{ht}^2)}\left[\left(\frac{h-\mu_h}{\sigma_h}\right)^2 + \right.\right.$$
$$\left.\left.\left(\frac{t-\mu_t}{\sigma_t}\right)^2 - 2\rho_{ht}\left(\frac{h-\mu_h}{\sigma_h}\right)\left(\frac{t-\mu_t}{\sigma_t}\right)\right]\right\} \sim \Lambda(\mu_h,\sigma_h,\mu_t,\sigma_t,\rho_{ht})$$
$$\tag{2-17}$$

式中，$h = \ln H$，H 为特征波高，一般指有效波高；$t = \ln T$，T 为特征周期，一般取平均跨零周期 T_z 或有效波周期 $T_{1/3}$；μ_h、μ_t、σ_h、σ_t、ρ_{ht} 分别为 h 和 t 的平均值、标准差和相关系数；$\Lambda(\mu_h, \sigma_h, \mu_t, \sigma_t, \rho_{ht})$ 为以 $(\mu_h, \sigma_h, \mu_t, \sigma_t, \rho_{ht})$ 为参数的对数正态分布密度。

Ochi 是基于波高和周期的长期边缘分布均是对数正态的，因而联合分布也是这种分布，在给定波高下的周期分布 $f_3(T|H)$ 也是对数正态的：

$$f_3^{(O)}(T|H) \sim \Lambda\left[\mu_t + \frac{\sigma_t}{\sigma_h}\rho_{ht}(\ln H - \mu_h), \sigma_t\sqrt{1-\rho_{ht}^2}\right] \quad (2\text{-}18)$$

式中，f_3 右上角(O)是按照 Ochi 长期边缘分布的波高周期分布表达式。

周期的条件平均值 $\mu_T(H)$ 的标准差 $\sigma_T(H)$ 用简单的线性回归式来预报：

$$\hat{\mu}_T(H) = \mu_T + \frac{\sigma_T}{\sigma_H}\rho_{HT}(H - \mu_H) \quad (2\text{-}19)$$

$$\hat{\sigma}_T(H) = \sigma_T(1-\rho_{HT}^2)^{\frac{1}{2}} \quad (2\text{-}20)$$

用简单的线性回归式来预报波周期的条件期望值与标准差，同时周期的条件分布也近似呈正态分布，则 T_H 的期望值和置信概率为 0.95 的置信区间分别为 μ 和 $[\mu - 1.96\sigma, \mu + 1.96\sigma]$。

2.1.1.4 设计波要素计算方法

设计波浪要素的计算采用抛物线形缓坡方程波浪数学模型，将深水区的波浪推算至工程区。

1）基本原理

波浪自外海向岸边的传播运动，可视为沿某一方向的前进波，抛物线形缓坡方程波浪数学模型可有效考虑这种沿某一方向的波浪传播运动。Radder(1979) 首先将波浪分解为前进波和反射波，即：

$$\Phi = \Phi^+ + \Phi^- \quad (2\text{-}21)$$

式中：Φ——波浪函数；

Φ^+、Φ^-——前进波势和反射波势。

将方程应用抛物线形近似方法对 Berkhoff(1972) 导出的椭圆形缓坡方程进行简化，忽略反射波部分，经推导可得前进波的表达式如下：

$$\frac{\partial \Phi}{\partial x} = \left[ik - \frac{1}{2kCC_g} \cdot \frac{\partial(kCC_g)}{\partial x} + \frac{i}{2kCC_g} \cdot \frac{\partial}{\partial y}\left(C_g\frac{\partial}{\partial y}\right)\right]\Phi^+ \quad (2\text{-}22)$$

式中：C——波速；

C_g——波群速；

k——波数。

上式即传播主方向为 x 的抛物线形缓坡方程。方程(2-22)要求波浪传播方向与主方向 x 相差很小，实际上这种限制是很苛刻的，Kirby(1983、1986)对此方法进行了完善和发展，利用 Pade 展开和最小误差方法，使抛物线形缓坡方程模型可用于较大传播角度的波浪计算，传播主方向为 x 的方程为：

$$C_g A_x + \mathrm{i}(\bar{k} - a_0 k) C_g A + \frac{1}{2}(C_g)_x A + \frac{\mathrm{i}}{\omega}\left(a_1 - b_1 \frac{\bar{k}}{k}\right)(CC_g A_y)_y - \frac{b_1}{\omega k}(CC_g A_y)_{yx} +$$

$$\frac{b_1}{\omega}\left[\frac{k_x}{k^2} + \frac{(C_g)_x}{2kC_g}\right](CC_g A_y)_y + \frac{\mathrm{i}\omega k^2}{2} D|A|^2 A + \frac{fr}{2} A = 0 \qquad (2\text{-}23)$$

式中：A_x, A_y——波振幅(复数)；

$a_0、a_1、b_1$——常系数，与入射角度有关；

$\bar{k}$——一般可取 $k(x,y)$ 沿 y 方向的平均值。

方程左边的最后两项分别表示非线性影响和底摩擦损耗。

2) 计算方法

由于底摩擦损耗项中的 f_r 选取较为复杂，底摩擦损耗将在后面单独考虑，这样方程经化简并采用 Crank-Nicolson 格式进行差分，经推导可得到如下差分方程：

$$f_a A_{m+1}^{n+1} + f_b A_m^{n+1} + f_c A_{m-1}^{n+1} = f_d \qquad (2\text{-}24)$$

$$f_a = -\sigma_3(\beta_{m+1}^{n+1} + \beta_m^{n+1})$$

$$f_b = \left[1 + \frac{\mathrm{i}\Delta x}{2}(\bar{k} - \zeta_1 k_m^{n+1}) + \frac{a_m^-}{2a_m^+} + \sigma_3(\beta_{m+1}^{n+1} + \beta_m^{n+1} + \beta_{m-1}^{n+1})\right] + \frac{1}{2}\left(\frac{\mathrm{i}\omega k^2 D}{2C_g}\right)_m^{n+1}|\tilde{A}^{n+1}|^2$$

$$f_c = -\sigma_3(\beta_m^{n+1} + \beta_{m-1}^{n+1})$$

$$f_d = A_m^n\left[1 - \frac{\mathrm{i}\Delta x}{2}(\bar{k} - \zeta_1 k_m^n) - \frac{a_m^-}{2a_m^+} - \sigma_4(\beta_{m+1}^n + 2\beta_m^n + \beta_{m-1}^n) - \frac{1}{2}\left(\frac{\mathrm{i}\omega k^2 D}{2C_g}\right)_m^n|A_m^2|^2\right] +$$

$$\sigma_4[A_{m+1}^n(\beta_{m+1}^n + \beta_m^n) + A_{m-1}^n(\beta_m^n + \beta_{m-1}^n)]$$

$$a_m^+ = (C_g)_m^{n+1} + (C_g)_m^n$$

$$a_m^- = (C_g)_m^{n+1} - (C_g)_m^n$$

$$\beta_m^n = (CC_g)_m^n$$

$$\sigma_3 = -\left(\sigma_2 + \sigma_1 \frac{\Delta x}{2}\right) \cdot \frac{1}{\Delta y^2 \omega a_m^+}$$

$$\sigma_4 = \left(\sigma_2 - \sigma_1 \frac{\Delta x}{2}\right) \cdot \frac{1}{\Delta y^2 \omega a_m^+}$$

上面表达式中的非线性项 $|\overline{A}^{n+1}|$ 可首先利用方程的线性部分进行估算。可知，当第 n 行的 $A(x,y)$ 为已知，则可建立第 $n+1$ 行的方程组，即构成三对角阵，因而可利用双扫描法求解。整个计算域的波浪可由以上方法逐行求解得到。计算步长小于1倍波长。本次计算中，网格步长为50m，计算范围为 $18{\rm km} \times 18{\rm km}$。

3）影响因素及边界条件

(1) 底摩擦损耗的考虑

波浪因水底摩擦引起波高减少，特别在相对水深较小、波高较大的情况下，底摩擦损耗比较明显，所以对于大范围的计算，不考虑底摩擦损耗将会带来较大的误差。

波浪每行进 Δx 距离波高的减少率 K_f 按 Bretchneider-Reid 公式确定：

$$K_f = \frac{H_2}{H_1} = \left[1 + \frac{64}{3} \cdot \frac{\pi^3}{g^2} \cdot \frac{fH_1 \Delta x}{h^2} \cdot \left(\frac{h}{T^2}\right)^2 \frac{K_s^2}{{\rm sh}^3(2\pi h/L)}\right]^{-1} \quad (2\text{-}25)$$

式中：H_1——初始波高；

H_2——传播 Δx 距离后的波高；

f——摩擦系数；

h——水深；

T——波周期；

L——波长。

浅水系数依据下式计算：

$$K_s = \sqrt{\frac{1}{2n} \cdot \frac{C_0}{C}}; n = \frac{1}{2}\left[1 + \frac{4\pi h/L}{{\rm sh}(4\pi h/L)}\right] \quad (2\text{-}26)$$

公式中的摩擦系数 f 的取值范围在 0.001~0.10 之间，取不同的值对计算结果影响很大，风浪时选用 0.001~0.0015，混合浪及涌浪时选取 0.0015~0.10。

(2) 波浪破碎的考虑

破碎波高水深比的选取依据沿传播方向的海底坡度，参照《港口与航道水文规范》(JTS 145—2015) 进行。

(3) 边界条件

边界条件分为起始边界条件和侧向边界条件。

为了减少误差保证计算的精确度，计算中均采用正向入射即入射方向与方

程传播的主方向 x 向相同。

起始边界条件：

$$A = \frac{H_0}{2}(\cos\theta + i\sin\theta)$$

式中：A——波幅；

H_0——入射波高；

θ——复角，取 $0°$。

侧边界为水域时，边界内外波高梯度为 0。

2.1.2 近岸波浪计算方法

港区波浪往往存在折射、反射和绕射，计算采用 MIKE21 软件中的 Boussnesq 方程波浪数学模型，简称 BW 模型。

Boussinesq 波浪数学模型的基本方程为沿水深积分的平面二维短波方程。由于水深积分过程中的假定不同，积分方法的差异，得到不同的水深积分平面二维短波方程，称为 Boussinesq 类方程。这些方程经 McCowan、Madsen 等人十多年的验证和比较，推荐基本方程如下：

连续方程：

$$n\frac{\partial \xi}{\partial t} + \frac{\partial P}{\partial x} + \frac{\partial Q}{\partial y} = 0 \tag{2-27}$$

x 方向动量方程：

$$n\frac{\partial P}{\partial t} + \frac{\partial}{\partial x}\left(\frac{P^2}{h}\right) + \frac{\partial}{\partial y}\left(\frac{PQ}{h}\right) + \frac{\partial R_{xx}}{\partial x} + \frac{\partial R_{xy}}{\partial x} + F_x n^2 gh\frac{\partial \xi}{\partial x} + n^2 P\left[\alpha + \beta\frac{\sqrt{P_2 + Q^2}}{h}\right] +$$

$$gP\frac{\sqrt{P_2 + Q^2}}{h^2 C^2} + n\psi_1 = 0 \tag{2-28}$$

y 方向动量方程：

$$n\frac{\partial Q}{\partial t} + \frac{\partial}{\partial x}\left(\frac{Q^2}{h}\right) + \frac{\partial}{\partial y}\left(\frac{PQ}{h}\right) + \frac{\partial R_{xx}}{\partial x} + \frac{\partial R_{xy}}{\partial x} + F_y n^2 gh\frac{\partial \xi}{\partial x} + n^2 Q\left[\alpha + \beta\frac{\sqrt{P^2 + Q^2}}{h}\right] +$$

$$gQ\frac{\sqrt{P^2 + Q^2}}{h^2 C^2} + n\psi_2 = 0 \tag{2-29}$$

其中：

$$\psi_1 = -\left(B + \frac{1}{3}\right)d^2(P_{xxt} + Q_{xyt}) - nBgd^3(S_{xxx} + S_{xyy}) -$$

$$dd_x\left(\frac{1}{3}P_{xt}+\frac{1}{6}Q_{yt}+2nBgdS_{xx}+nBgdS_{yy}\right)-dd_y\left(\frac{1}{6}Q_{xt}+nBgdS_{xy}\right)$$

(2-30)

$$\psi_2 = -\left(B+\frac{1}{3}\right)d^2(Q_{yyt}+P_{xyt})-nBgd^3(S_{yyy}+S_{xxy})-$$

$$dd_x\left(\frac{1}{3}Q_{yt}+\frac{1}{6}P_{xt}+2nBgdS_{yy}+nBgdS_{xx}\right)-dd_x\left(\frac{1}{6}P_{yt}+nBgdS_{xy}\right)$$

(2-31)

上述式中：P、Q——x、y 方向流速水深积分；

F_x、F_y——x、y 方向水平应力；

d——静水深；

ξ——波面高度；

h——总水深 $h=d+\xi$；

B——深水修正系数；

α、β——层流和紊流阻力系数；

脚标 t、x、y——物理量所对应的时间、x 方向和 y 方向偏导数；

$$F_x = -\left[\frac{\partial}{\partial x}\left(v_t\frac{\partial P}{\partial x}\right)+\frac{\partial}{\partial y}\left(v_t\frac{\partial P}{\partial y}+\frac{\partial Q}{\partial x}\right)\right]$$

$$F_y = -\left[\frac{\partial}{\partial y}\left(v_t\frac{\partial P}{\partial y}\right)+\frac{\partial}{\partial x}\left(v_t\frac{\partial P}{\partial x}+\frac{\partial Q}{\partial y}\right)\right]$$

v_t——水平方向的涡流速度；

R_{xx}、R_{xy}——由非均匀速度引起的剩余动量。

2.1.3 计算条件

（1）计算浪向

海区波向主要集中在 SE-S-SW 向；同时受工程西侧岬角掩护，SW 向波浪较小。因此，防波堤设计波浪要素计算浪向为 SE、SSE、S 和 SSW。

（2）计算重现期

风浪和设计波浪要素的计算重现期为 100 年、50 年、25 年、10 年、5 年和 2 年。

（3）计算水位

以 Serayu 河河口附近理论最低潮面 LLWL 为基准，平均海平面 MSL = 1.208m。

百年一遇高水位：+2.97m。
设计高水位：+2.46m。
设计低水位：+0.42m。
极端低水位：-0.10m。

2.2 北印度洋外海波浪条件与示范应用

根据工程现场观察及相关资料,本工程面对印度洋,工程海域波浪呈明显的涌浪特性。影响工程区的波浪主要为距工程区很远的外海(印度洋45°S~60°S区域)生成的风成浪,经长距离传播至工程区,在传播过程中,高频波浪衰减较快,传至工程区均为长周期波浪。由于工程区缺乏长期波浪观测资料,现有资料仅为工程附近长期(20年)风速实测资料及两年(2008—2009年)大范围(整个印度洋)风-浪预报资料。因此工程区近岸不同重现期波浪推算方法为：

(1)采用2年近岸和外海不同位置处(位置见图2-1,外海1~3号点到工程区距离分别为2500km、1500km和800km)的风速预报资料建立近岸与外海风速关系,并根据近岸长期实测风速得到的不同重现期风速推算外海不同重现期风速。

(2)采用风成浪计算方法推算外海不同重现期风浪。

(3)根据2年近岸和外海不同位置处波浪预报结果得到外海与工程区波浪的相关关系,进而根据外海不同重现期波浪推算近岸(-40m等深线处)波浪结果。

(4)近岸波浪周期根据涌浪预报结果,采用波高周期联合分布方法进行计算。

研究计算中,根据工程附近气象站20年(1988—2007年)风速年极值资料推算各向不同重现期推算结果,其中50年一遇最大风速为17.15m/s。并在此基础上依据海区与近岸波浪分布与风速的关系得到工程外海(1号点位置处)风成浪 $H_{13\%}$ 波高计算结果见表2-1。

工程外海(1号点位置处)风成浪 $H_{13\%}$ 波高计算结果(m)　　表2-1

重现期(年)	SSW	重现期(年)	SSW
100	10.51	10	9.54
50	10.08	5	9.15
25	9.67	2	8.69

在此基础上,根据工程区外海不同位置处2年波高后报结果,以及波浪在向工程区传播过程中变化关系,推算工程区-40m等深线处(图2-2)波高,工程区近岸与外海波浪关系见图2-3,工程区-40m等深线处 $H_{13\%}$ 波高计算结果见表2-2。

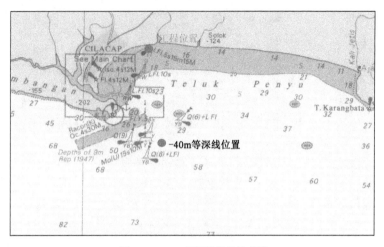

图 2-2　-40m 等深线位置示意图

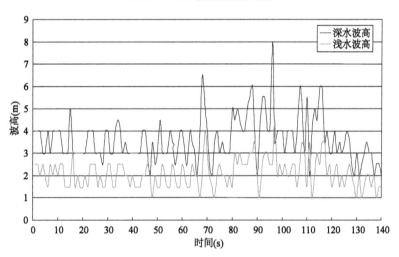

图 2-3　工程区近岸与外海波浪关系

工程区 -40m 等深线处 $H_{13\%}$ 波高计算结果（m）　　　　表 2-2

重现期（年）	SE	SSE	S	SSW
100	7.24	7.20	7.28	7.30
50	7.05	7.02	7.05	7.07
25	6.71	6.66	6.67	6.70
10	6.08	6.01	6.02	6.05
5	5.48	5.36	5.38	5.42
2	4.24	4.19	4.18	4.22

根据表 2-2 推算出的不同重现期的波高值,按照式(2-19)、式(2-20)计算周期的期望值,波高按照 $H_{13\%}$ 波高计算,对应周期为平均周期。在采用预报资料对波浪周期进行计算的同时,将实测波浪资料与预报资料进行对比分析,对预报资料推算的波浪周期进行修正,得到重现期 50 年波高对应的平均周期的期望值和置信概率为 0.95 的置信区间,结果见表 2-3。由于《港口与航道水文规范》(JTS 145—2015)中风浪波高与周期的对应关系忽略了不同方向波高和周期的不同对应关系,波高与周期联合分布不仅考虑了不同方向波高和周期的对应关系,而且还能计算出周期在一定置信概率下的置信区间,所以采用周期和波高的联合分布模式计算出的波周期。因此在波浪推算中采用周期期望值作为计算条件,重现期 100 年、50 年、25 年、10 年、5 年和 2 年的波浪条件见表 2-4。

−40m 等深线位置处波浪周期计算结果(s) 表 2-3

重现期(年)	SE $\overline{T}$ 期望值	SE 95% 置信区间	SSE $\overline{T}$ 期望值	SSE 95% 置信区间	S $\overline{T}$ 期望值	S 95% 置信区间	SSW $\overline{T}$ 期望值	SSW 95% 置信区间
100	14.02	[11.23 16.80]	13.98	[11.20 16.77]	14.05	[11.26 16.84]	14.07	[11.28 16.85]
50	13.85	[11.07 16.64]	13.83	[11.04 16.61]	13.85	[11.07 16.64]	13.87	[11.08 16.66]
25	13.56	[10.78 16.35]	13.52	[10.73 16.31]	13.53	[10.74 16.32]	13.55	[10.77 16.34]
10	13.03	[10.24 15.81]	12.97	[10.18 15.75]	12.98	[10.19 15.76]	13.00	[10.21 15.79]
5	12.51	[9.73 15.30]	12.41	[9.63 15.20]	12.43	[9.64 15.22]	12.46	[9.68 15.25]
2	11.46	[8.67 14.24]	11.41	[8.63 14.20]	11.41	[8.62 14.19]	11.44	[8.65 14.23]

−40m 等深线位置处风成浪计算结果 表 2-4

重现期(年)	SE $H_{13\%}$(m)	SE $\overline{T}$(s)	SSE $H_{13\%}$(m)	SSE $\overline{T}$(s)	S $H_{13\%}$(m)	S $\overline{T}$(s)	SSW $H_{13\%}$(m)	SSW $\overline{T}$(s)
100	7.24	14.02	7.13	13.98	7.28	14.05	7.30	14.07
50	7.05	13.85	6.92	13.83	7.05	13.85	7.07	13.87
25	6.71	13.56	6.58	13.52	6.67	13.53	6.70	13.55
10	6.08	13.03	5.96	12.97	6.02	12.98	6.05	13.00
5	5.48	12.51	5.36	12.41	5.38	12.43	5.42	12.46
2	4.24	11.46	4.14	11.41	4.12	11.41	4.16	11.44

2.3 示范工程 1 波浪条件研究

2.3.1 计算方案及计算测点

一期工程计算方案共一个,防波堤布置及波浪要素计算点位置见图 2-4,其中,1~9号点为东防波堤,10号点为防波堤口门,11号点和12号点分别为工程西防波堤和取水口。工程各点底高程见表2-5。

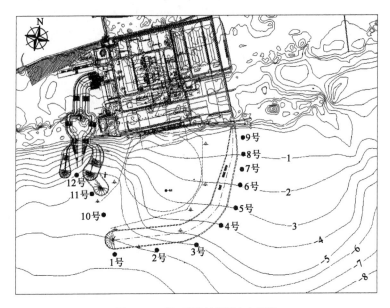

图2-4 一期工程防波堤测点布置图

各测点底高程 表2-5

测 点 号	底高程(m)	测 点 号	底高程(m)
1	-7.5	7	-1.5
2	-7.0	8	-1.0
3	-6.0	9	-0.5
4	-4.0	10	-6.6
5	-3.0	11	-6.3
6	-2.0	12	-5.0

注:以Serayu河河口附近理论最低潮面LLWL为基准,MSL=1.208m。

2.3.2 设计波浪条件推算

用抛物线形缓坡方程对工程海区波浪条件进行计算,得到不同等深线处的设计波浪要素。100年一遇高水位各向重现期为50年$H_{13\%}$波高分布分别见图2-5~图2-8;各点100年一遇高水位重现期为50年SSE、S和SSW向$H_{13\%}$设计波高结果见表2-6~表2-9。表中加括号的数据表示该处波浪已破碎。

第2章 强涌浪海域波浪动力条件模拟研究与示范应用

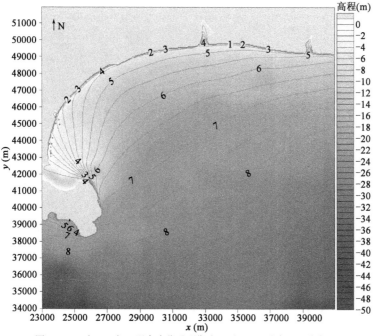

图 2-5 SE 向 100 年一遇高水位重现期为 50 年 $H_{13\%}$ 波高 (m) 分布图

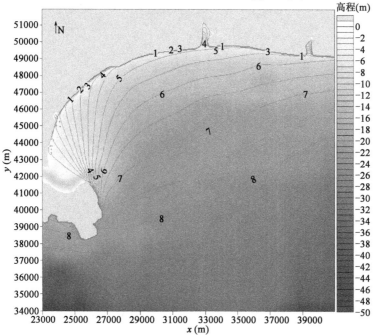

图 2-6 SSE 向 100 年一遇高水位重现期为 50 年 $H_{13\%}$ 波高 (m) 分布图

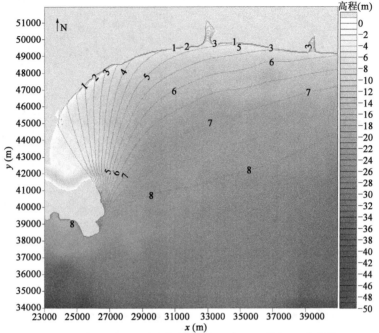

图 2-7　S 向 100 年一遇高水位重现期为 50 年 $H_{13\%}$ 波高（m）分布图

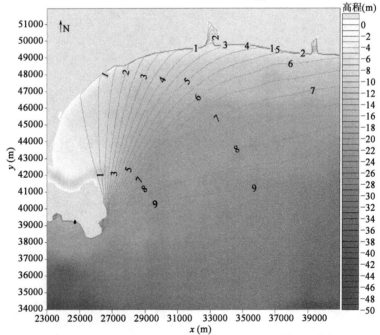

图 2-8　SSW 向 100 年一遇高水位重现期为 50 年 $H_{13\%}$ 波高（m）分布图

SE 向重现期为 50 年设计波浪要素结果 表 2-6

水位	位置		$H_{1\%}$(m)	$H_{4\%}$(m)	$H_{5\%}$(m)	$H_{13\%}$(m)	$\overline{H}$(m)	$\overline{T}$(s)	Dir(°)
100年一遇高水位	1号	东防波堤	6.45	5.72	5.60	4.93	3.45	13.85	156.1
	2号		6.34	5.63	5.51	4.87	3.43	13.85	156.1
	3号		6.06	5.42	5.31	4.72	3.36	13.85	156.1
	4号		(5.35)	4.97	4.89	4.41	3.26	13.85	156.1
	5号		(4.62)	(4.62)	(4.62)	4.25	3.22	13.85	156.1
	6号		(3.88)	(3.88)	(3.88)	(3.88)	3.22	13.85	156.1
	7号		(3.50)	(3.50)	(3.50)	(3.50)	3.23	13.85	156.1
	8号		(3.12)	(3.12)	(3.12)	(3.12)	(3.12)	13.85	156.1
	9号		(2.74)	(2.74)	(2.74)	(2.74)	(2.74)	13.85	156.1
	10号	口门	6.20	5.52	5.41	4.79	3.38	13.85	156.1
	11号	西防波堤	6.11	5.46	5.34	4.74	3.36	13.85	156.1
	12号	取水口	5.73	5.16	5.06	4.52	3.27	13.85	156.1

SSE 向重现期为 50 年设计波浪要素结果 表 2-7

水位	位置		$H_{1\%}$(m)	$H_{4\%}$(m)	$H_{5\%}$(m)	$H_{13\%}$(m)	$\overline{H}$(m)	$\overline{T}$(s)	Dir(°)
100年一遇高水位	1号	东防波堤	6.67	5.93	5.80	5.13	3.61	13.83	162.5
	2号		6.57	5.87	5.75	5.09	3.61	13.83	162.5
	3号		6.32	5.68	5.57	4.97	3.57	13.83	162.5
	4号		(5.35)	5.28	5.20	4.73	3.55	13.83	162.5
	5号		(4.62)	(4.62)	(4.62)	4.59	3.55	13.83	162.5
	6号		(3.88)	(3.88)	(3.88)	(3.88)	3.59	13.83	162.5
	7号		(3.50)	(3.50)	(3.50)	(3.50)	(3.50)	13.83	162.5
	8号		(3.12)	(3.12)	(3.12)	(3.12)	(3.12)	13.83	162.5
	9号		(2.74)	(2.74)	(2.74)	(2.74)	(2.74)	13.83	162.5
	10号	口门	6.42	5.74	5.63	4.99	3.55	13.83	162.5
	11号	西防波堤	6.34	5.68	5.57	4.95	3.54	13.83	162.5
	12号	取水口	5.97	5.40	5.30	4.76	3.47	13.83	162.5

S 向重现期为 50 年设计波浪要素结果　　　　　　　表 2-8

水位	位　置		$H_{1\%}$(m)	$H_{4\%}$(m)	$H_{5\%}$(m)	$H_{13\%}$(m)	H(m)	$\overline{T}$(s)	Dir(°)
100年一遇高水位	1号	东防波堤	6.48	5.74	5.62	4.95	3.47	13.85	175.9
	2号		6.41	5.71	5.59	4.94	3.48	13.85	175.9
	3号		6.17	5.53	5.42	4.82	3.45	13.85	175.9
	4号		(5.35)	5.16	5.07	4.60	3.43	13.85	175.9
	5号		(4.62)	(4.62)	(4.62)	4.45	3.41	13.85	175.9
	6号		(3.88)	(3.88)	(3.88)	(3.88)	3.43	13.85	175.9
	7号		(3.50)	(3.50)	(3.50)	(3.50)	3.46	13.85	175.9
	8号		(3.12)	(3.12)	(3.12)	(3.12)	13.85	175.9	
	9号		(2.74)	(2.74)	(2.74)	(2.74)	13.85	175.9	
	10号	口门	6.22	5.55	5.43	4.81	3.40	13.85	175.9
	11号	西防波堤	6.14	5.48	5.37	4.76	3.38	13.85	175.9
	12号	取水口	5.75	5.18	5.09	4.55	3.29	13.85	175.9

SSW 向重现期为 50 年设计波浪要素结果　　　　　　　表 2-9

水位	位　置		$H_{1\%}$(m)	$H_{4\%}$(m)	$H_{5\%}$(m)	$H_{13\%}$(m)	H(m)	$\overline{T}$(s)	Dir(°)
100年一遇高水位	1号	东防波堤	5.14	4.48	4.37	3.79	2.56	13.87	184.1
	2号		5.21	4.56	4.45	3.88	2.64	13.87	184.1
	3号		5.02	4.41	4.31	3.77	2.59	13.87	184.1
	4号		4.63	4.14	4.05	3.59	2.55	13.87	184.1
	5号		4.31	3.88	3.81	3.40	2.46	13.87	184.1
	6号		(3.88)	3.61	3.55	3.21	2.38	13.87	184.1
	7号		(3.50)	3.47	3.42	3.12	2.35	13.87	184.1
	8号		(3.12)	(3.12)	(3.12)	3.02	2.33	13.87	184.1
	9号		(2.74)	(2.74)	(2.74)	(2.74)	2.32	13.87	184.1
	10号	口门	4.85	4.24	4.14	3.60	2.44	13.87	184.1
	11号	西防波堤	4.76	4.16	4.06	3.53	2.40	13.87	184.1
	12号	取水口	4.34	3.81	3.72	3.25	2.22	13.87	184.1

波浪从外海至近岸的传播过程中，主要受底摩阻、波浪破碎和地形折射影响，近岸波向集中在 SSE-S 向。各点 100 年一遇高水位重现期为 50 年 $H_{13\%}$ 设计波高计算结果见表 2-10。

100 年一遇高水位重现期为 50 年 $H_{13\%}$ 设计波高计算结果(m)　　表 2-10

位　　置	SSE 向	位　　置	SSE 向
1 号	5.13	7 号	(3.50)
2 号	5.09	8 号	(3.12)
3 号	4.97	9 号	(2.74)
4 号	4.73	10 号	4.99
5 号	4.59	11 号	4.95
6 号	(3.88)	12 号	4.76

2.3.3　波向变化

根据波浪预报结果分析,工程外海常浪向为 SSW 向,波浪主要集中在 SE 和 SSW 向,这两个方向波浪出现概率为 86.6%。另外,波浪在从外海向近岸传播过程中,主要受底摩阻、波浪破碎和地形折射影响,传至工程电站港区近岸波向集中在 SSE-S 向(表 2-11 和图 2-9 ~ 图 2-12)。

工程区附近不同方向波向变化平均结果　　表 2-11

方向	SE	SSE	S	SSW
外海	135.0°N	157.5°N	180.0°N	202.5°N
工程附近	156.6°N	162.8°N	175.5°N	183.6°N

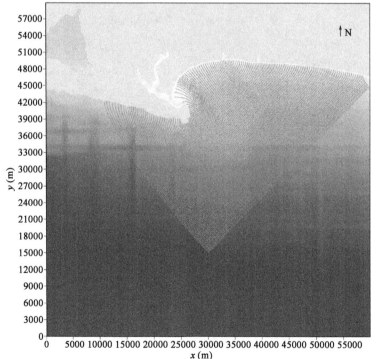

图 2-9　SE 向 100 年一遇高水位重现期为 50 年波浪折射结果

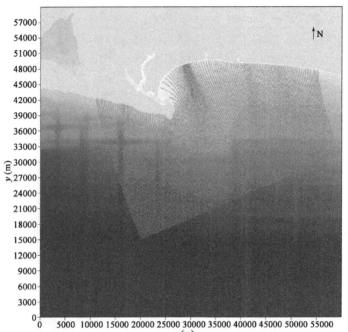

图 2-10　SSE 向 100 年一遇高水位重现期为 50 年波浪折射结果

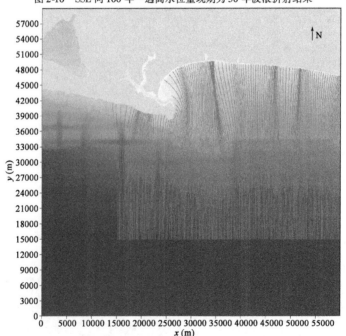

图 2-11　S 向 100 年一遇高水位重现期为 50 年波浪折射结果

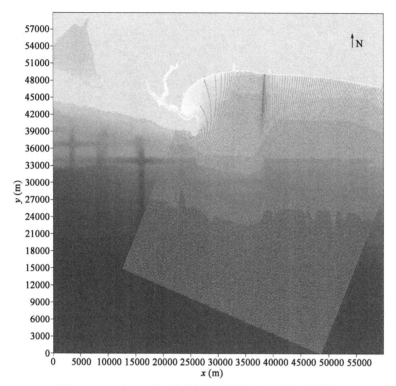

图 2-12　SSW 向 100 年一遇高水位重现期为 50 年波浪折射结果

2.3.4　实测波浪分析验证

根据现有的工程海区近岸 2 个月(2009 年 12 月—2010 年 1 月)实测波浪资料,对研究成果进行对比分析。实测波浪(工程海域 −20m 等深线处)波玫瑰图见图 2-13,依据同期 −40m 等深线处波浪预报结果(预报结果摘自荷兰 KNMI 网站)推算至近岸波玫瑰图。结果对比可知:工程区近岸实测波浪有效周期平均值为 12.65s,同期外海预报波浪有效周期平均值为 11.48s;工程区近岸实测波浪有效波高平均值为 1.11m,同期外海实测波浪推算至近岸(−10m)后有效波高平均值为 0.91m;工程区近岸实测波浪和预报推算波浪方向均主要集中在 S 向。工程区实测和同期预报波高过程(2010 年 1 月)见图 2-14。由该结果可以看出,预报资料和实测值逐日变化趋势比较接近,预报最大误差为 33cm,平均误差约为 14cm。因此预报资料可以较为准确描述工程海区波浪情况,并可以作为波浪研究的依据。

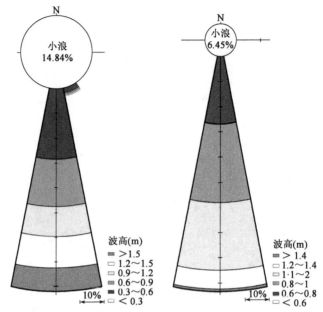

图 2-13　工程海域 -20m 等深线处波浪玫瑰图(2009 年 12 月—2010 年 1 月)
(左为实测值;右为根据工程外海预报波浪推算至近岸值)

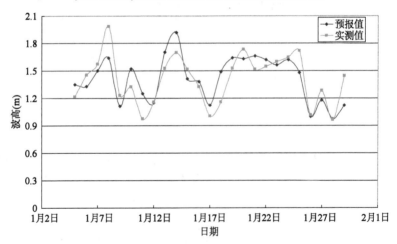

图 2-14　工程区实测和预报波高过程(2010 年 1 月 5 日—1 月 29 日)

2.3.5　S2P 电站防波堤破坏波浪条件分析

S2P 电厂防波堤损坏位置位于 -7m 等深线附近,防波堤为斜坡式结构,护面块体为 5.0tA-Jack,护面坡度 1∶1.5。根据该块体相关设计资料,该护面块体

K_d 值取值：堤头处15，堤身处20，近岸破碎位置处为4。

根据 Hudson 公式反推破坏时的波浪条件：

$$W_{armour} = \frac{\gamma_a H^3}{K_d(S_r - 1)^3 \cot\alpha} \quad (2-32)$$

根据英国标准（BS-6349）中的相关规定及工程实际情况，取 $W = 5t$、$\gamma_a = 2.34$、$K_d = 20$、$S_r = 2.34$、$\cot\alpha = 1.5$，得到 $H = 5.32\mathrm{m}$。当波浪未破碎时，H 取十分之一波高，可知破坏时 $H_{1/10} = 5.32\mathrm{m}$，$H_s = 4.60\mathrm{m}$。

根据前文数学模型结果，极端高水位重现期为50年外海 $-20\mathrm{m}$ 等深线处、S2P电厂 $-7\mathrm{m}$ 等深线位置处和Adipala电厂堤头 $-10\mathrm{m}$ 等深线位置处波高见表2-12。

极端高水位重现期为50年不同位置处 $H_{13\%}$ 波浪计算结果（m）　表2-12

方向	ESE	SE	SSE	S	SSW	SW
外海 $-20\mathrm{m}$ 等深线	7.45	7.34	7.24	7.18	7.28	7.48
Adipala电厂堤头 $-10\mathrm{m}$ 等深线	5.00	5.56	5.76	5.75	5.63	5.26
S2P $-7\mathrm{m}$ 等深线	4.09	4.88	5.11	4.93	3.75	2.00

根据表2-12结果按比例反算S2P电厂发生破坏时（即波高达到4.6m时），工程 $-10\mathrm{m}$ 及 $-20\mathrm{m}$ 等深线位置处波高计算结果见表2-13。

S2P电厂破坏时（$H_{1/10} = 5.32\mathrm{m}$）工程区 $H_{13\%}$ 波浪计算结果（m）　表2-13

方向	SE	SSE	S
$-20\mathrm{m}$	6.92	6.51	6.71
$-10\mathrm{m}$	5.25	5.19	5.37
损坏位置（$-7\mathrm{m}$）	4.60	4.82	4.65

由上述计算结果可以看出，表2-13中各值均小于表2-12中结果，表明S2P电厂防波堤破坏时，外海波浪水平小于重现期为50年的波浪水平，防波堤损坏原因应为波浪设计标准取值偏低。

2.4　示范工程2波浪条件研究

2.4.1　计算方案及计算测点

二期工程计算方案共6个，在已有港区基础上，方案1～方案6新建防波堤由北向南分为3段，分别为段1、段2、和段3。方案1～方案5轴线方位分别为10°～190°、2°～182°、69°～249°，方案6轴线方位分别为10°～190°、35°～215°、

71°~251°。形成半掩护型港池,内设55000t散货泊位,航道深为-13.5m。二期工程码头及防波堤平面布置如图2-15、图2-16所示。不同方案防波堤分段堤长见表2-14。

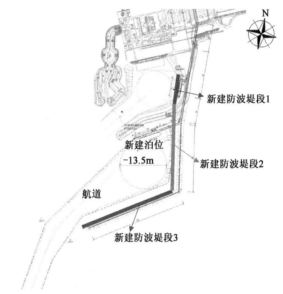

图2-15 二期工程码头及防波堤平面布置示意图(方案1~方案5)

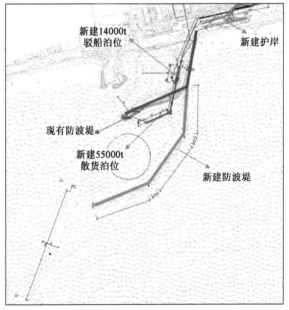

图2-16 二期工程码头及防波堤平面布置示意图(方案6)

不同方案防波堤分段堤长(m)　　　　　　　表 2-14

新建防波堤	方案 1	方案 2	方案 3	方案 4	方案 5	方案 6
段 1	230	475	230	230	475	425+63
段 2	575	360	415	555	365	478+59
段 3	830	755	900	835	740	505
段 1+段 2+段 3	1635	1590	1545	1620	1580	1530

图 2-17 为方案 1~方案 5 拟建防波堤和泊位处的测点布置图,各点底高程见表 2-15,其中 F1~F7 号为拟建防波堤处测点,M1 和 M2 为拟建泊位处测点。在计算拟建防波堤设计波要素时,防波堤未建。

图 2-18 和图 2-19 分别为方案 6 拟建防波堤建设前后测点布置图,各点底高程见表 2-16 和表 2-17,其中 F1~F7 为拟建防波堤处测点。在计算拟建防波堤设计波要素时,防波堤未建。

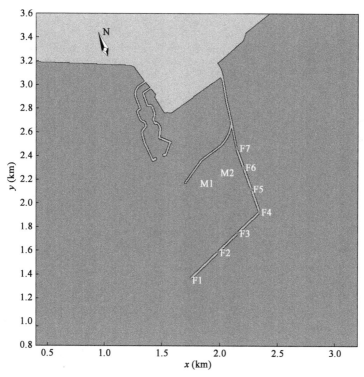

图 2-17　方案 1~方案 5 拟建防波堤和泊位处的测点布置图

方案1～方案3各点底高程(m)　　　　　表2-15

位置	测点号	底高程		
		方案1	方案2	方案3
防波堤	F1	-10.7	-10.7	-10.7
	F2	-10.0	-10.5	-10.5
	F3	-10.0	-10.0	-9.5
	F4	-9.0	-9.5	-8.5
	F5	-8.4	-8.5	-8.5
	F6	-8.0	-8.0	-7.3
	F7	-7.0	-7.0	-6.8
散货泊位	M1	-13.5	-13.5	13.5
	M2	-13.5	-13.5	13.5

注：以Serayu河河口附近理论最低潮面LLWL为基准，MSL=1.208m。

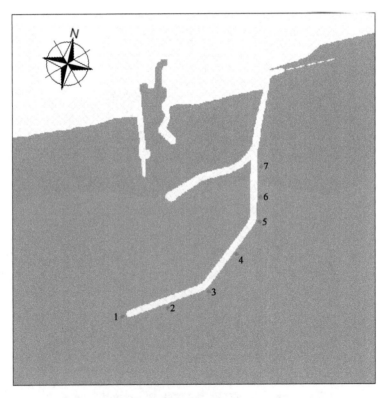

图2-18　方案6设计波浪条件计算点布置图

34

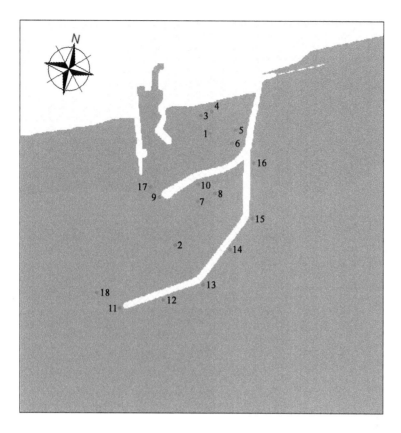

图 2-19　方案 6 港内波浪条件计算点布置图

方案 6 设计波浪条件各点底高程(m)　　　　表 2-16

位　　置	测点号	底　高　程
防波堤	1	−11.5
	2	−12.0
	3	−11.4
	4	−10.5
	5	−9.5
	6	−8.5
	7	−6.5

注:以 Serayu 河河口附近理论最低潮面 LLWL 为基准,MSL=1.208m。

方案6 港内波高各点底高程(m)　　　　　　　　　　表2-17

计算点	计算点位置	底高程
1	一期工程港池	-7.0
2	二期工程港池	-13.5
3	一期工程煤码头	-8.4
4	二期工程煤码头	-8.4
5	14000t驳船码头	-7.5
6	14000t驳船码头	-7.5
7	55000t散货码头	-13.5
8	55000t散货码头	-13.5
9	现有防波堤堤头	-8.6
10	现有防波堤外侧	-8.8
11	新建防波堤堤头	-11.5
12	新建防波堤东西走向中部	-12.0
13	新建防波堤南端拐弯处	-11.4
14	新建防波堤南北走向中部	-10.5
15	新建防波堤北侧拐弯处	-9.5
16	新建防波堤与原有防波堤连接处	-6.5
17	一期工程港池口门处	-7.0
18	二期工程新建港池口门处	-13.5

注:以Serayu河河口附近理论最低潮面LLWL为基准,MSL=1.208m。

2.4.2 设计波浪条件推算

外海波浪条件采用S2P电厂一期研究成果,进而在此基础上采用抛物线缓坡方程波浪数学模型推算工程海区波浪条件,得到不同方案拟建防波堤处设计波浪要素。

波浪从外海至近岸的传播过程中,主要受底摩阻、波浪破碎和地形折射影响,近岸波向集中在SSE-S向。100年一遇高水位各向重现期为50年$H_{13\%}$波高分布分别见图2-5~图2-8;各点100年一遇高水位重现期为50年SSE、S和SSW向$H_{13\%}$设计波高计算结果见表2-18和表2-19。

方案 1～方案 3 的 100 年一遇高水位重现期为 50 年 $H_{13\%}$ 设计波高计算结果（m）

表 2-18

测点号	SSE			S			SSW		
	方案 1	方案 2	方案 3	方案 1	方案 2	方案 3	方案 1	方案 2	方案 3
F1	5.60	5.60	5.60	5.47	5.47	5.47	4.49	4.49	4.49
F2	5.49	5.57	5.57	5.36	5.44	5.44	4.34	4.45	4.45
F3	5.49	5.49	5.42	5.36	5.36	5.28	4.34	4.34	4.23
F4	5.35	5.42	5.27	5.20	5.28	5.12	4.12	4.23	4.01
F5	5.26	5.27	5.27	5.10	5.12	5.12	3.99	4.01	4.01
F6	5.20	5.20	5.10	5.04	5.04	4.92	3.90	3.90	3.75
F7	5.05	5.05	5.02	4.87	4.87	4.84	3.68	3.68	3.64

方案 6 的 100 年一遇高水位重现期为 50 年 $H_{13\%}$ 波高结果（m）　表 2-19

计算点	SE 向	SSE 向	S 向	SSW 向
1	5.59	5.71	5.60	4.66
2	5.67	5.79	5.68	4.77
3	5.59	5.71	5.60	4.66
4	5.42	5.57	5.44	4.45
5	5.26	5.42	5.28	4.23
6	5.1	5.27	5.12	4.01
7	4.85	5.05	4.87	3.68

2.4.3　工程后港内波高

采用 MIKE21-BW 计算软件，即 Boussinesq 方程波浪数学模型，对防波堤工程后波浪场进行模拟，计算起始波浪要素见表 2-20，计算各设计方案在 100 年一遇高水位、设计高水位、极端低水位和设计低水位，重现期 50 年、25 年和 2 年不同方向波浪作用下港区波高分布。其中方案 1～方案 5 设计高水位重现期 50 年 SSW 向波浪作用下港区波高分布见图 2-20～图 2-24，方案 6 的 SSW 向 100 年一遇高水位重现期 50 年比波高分布见图 2-25。方案 1～方案 6 波高见表 2-21～表 2-24。

工程后港区边界处波浪要素　　　　表 2-20

方向	底高程 (m)	水　位	50 年		25 年		2 年	
			$H_{13\%}$(m)	$\overline{T}$(s)	$H_{13\%}$(m)	$\overline{T}$(s)	$H_{4\%}$(m)	$\overline{T}$(s)
SSE	-15	100 年一遇高水位	6.23	13.83	5.92	13.52	4.52	11.41
		设计高水位	6.15	13.83	5.85	13.52	4.47	11.41
		设计低水位	5.85	13.83	5.57	13.52	4.24	11.41
		极端低水位	5.78	13.83	5.49	13.52	4.18	11.41
S	-16	100 年一遇高水位	6.33	13.85	5.99	13.53	4.50	11.41
		设计高水位	6.25	13.85	5.91	13.53	4.44	11.41
		设计低水位	5.92	13.85	5.60	13.53	4.20	11.41
		极端低水位	5.83	13.85	5.52	13.53	4.13	11.41
SSW	-15	100 年一遇高水位	5.42	13.87	5.14	13.55	3.89	11.44
		设计高水位	5.31	13.87	5.04	13.55	3.81	11.44
		设计低水位	4.87	13.87	4.61	13.55	3.49	11.44
		极端低水位	4.76	13.87	4.51	13.55	3.41	11.44

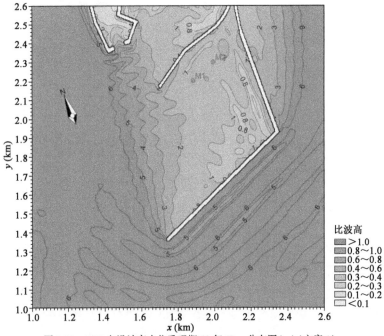

图 2-20　SSW 向设计高水位重现期 50 年 $H_{13\%}$ 分布图(m)(方案 1)

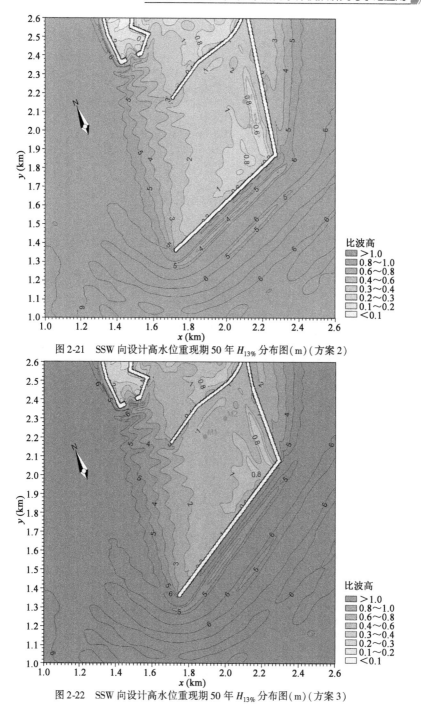

图 2-21 SSW 向设计高水位重现期 50 年 $H_{13\%}$ 分布图(m)(方案 2)

图 2-22 SSW 向设计高水位重现期 50 年 $H_{13\%}$ 分布图(m)(方案 3)

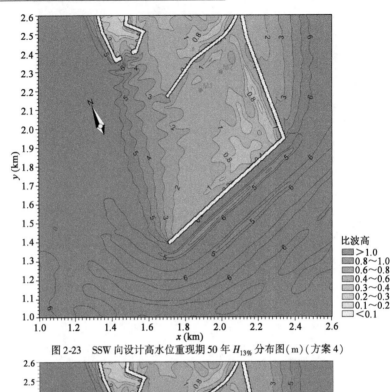

图 2-23　SSW 向设计高水位重现期 50 年 $H_{13\%}$ 分布图(m)(方案 4)

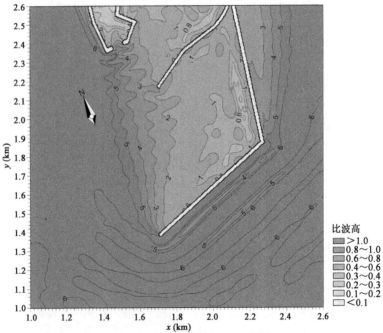

图 2-24　SSW 向设计高水位重现期 50 年 $H_{13\%}$ 分布图(m)(方案 5)

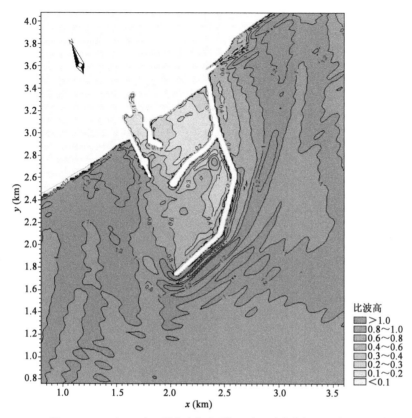

图 2-25 SSW 向 100 年一遇高水位重现期 50 年比波高分布图(方案 6)

各方案 SSE 向浪作用下波高结果（2 年，$H_{4\%}$；50 年，$H_{13\%}$）(m)　　表 2-21

水位		100 年一遇高水位		设计高水位		设计低水位		极端低水位	
测点		M1	M2	M1	M2	M1	M2	M1	M2
方案 1	50 年	0.81	0.75	0.79	0.73	0.72	0.67	0.71	0.66
	2 年	0.59	0.54	0.58	0.53	0.52	0.48	0.52	0.48
方案 2	50 年	0.69	0.64	0.67	0.62	0.63	0.59	0.62	0.59
	2 年	0.5	0.46	0.49	0.45	0.46	0.42	0.45	0.42
方案 3	50 年	0.75	0.72	0.73	0.7	0.69	0.66	0.68	0.65
	2 年	0.54	0.52	0.53	0.51	0.5	0.48	0.49	0.47
方案 4	50 年	0.83	0.76	0.81	0.75	0.74	0.68	0.73	0.67
	2 年	0.6	0.55	0.59	0.54	0.53	0.49	0.53	0.49

续上表

水位		100年一遇高水位		设计高水位		设计低水位		极端低水位	
测点		M1	M2	M1	M2	M1	M2	M1	M2
方案5	50年	0.7	0.65	0.68	0.63	0.64	0.6	0.64	0.6
	2年	0.51	0.47	0.5	0.46	0.47	0.43	0.46	0.43

各方案S向浪作用下波高结果(2年,$H_{4\%}$;50年,$H_{13\%}$)(m)　　表2-22

水位		100年一遇高水位		设计高水位		设计低水位		极端低水位	
测点		M1	M2	M1	M2	M1	M2	M1	M2
方案1	50年	1.39	1.23	1.36	1.21	1.24	1.1	1.22	1.08
	2年	0.95	0.86	0.92	0.84	0.84	0.76	0.82	0.75
方案2	50年	0.95	0.82	0.93	0.8	0.87	0.75	0.86	0.75
	2年	0.64	0.55	0.63	0.54	0.59	0.51	0.58	0.51
方案3	50年	1.2	1.08	1.18	1.05	1.1	0.99	1.09	0.97
	2年	0.83	0.74	0.81	0.72	0.76	0.68	0.75	0.66
方案4	50年	1.41	1.25	1.38	1.22	1.25	1.11	1.24	1.09
	2年	0.95	0.88	0.93	0.86	0.85	0.78	0.83	0.77
方案5	50年	0.97	0.84	0.95	0.82	0.89	0.77	0.87	0.77
	2年	0.65	0.56	0.64	0.55	0.6	0.51	0.59	0.51

各方案SSW向浪作用下波高结果(2年,$H_{4\%}$;50年,$H_{13\%}$)(m)　　表2-23

水位		100年一遇高水位		设计高水位		设计低水位		极端低水位	
测点		M1	M2	M1	M2	M1	M2	M1	M2
方案1	50年	1.84	1.74	1.79	1.68	1.57	1.48	1.54	1.45
	2年	1.32	1.24	1.28	1.21	1.13	1.06	1.1	1.04
方案2	50年	1.25	1.19	1.21	1.16	1.1	1.05	1.07	1.05
	2年	0.89	0.86	0.87	0.83	0.79	0.75	0.77	0.75
方案3	50年	1.63	1.59	1.58	1.55	1.43	1.4	1.4	1.37
	2年	1.17	1.14	1.13	1.11	1.03	1.01	1	0.98
方案4	50年	1.87	1.76	1.81	1.71	1.6	1.5	1.56	1.47
	2年	1.34	1.26	1.3	1.23	1.14	1.08	1.12	1.05
方案5	50年	1.27	1.22	1.24	1.18	1.12	1.07	1.1	1.07
	2年	0.91	0.87	0.88	0.84	0.8	0.76	0.78	0.76

方案6计算点100年一遇水位50年一遇重现期 $H_{13\%}$ 波高（m）　　表2-24

计算点	SE向	SSE向	S向	SSW向
1	0.37	0.50	0.82	0.87
2	0.67	0.91	1.52	2.93
3	0.31	0.50	0.76	0.98
4	0.25	0.44	0.57	0.70
5	0.31	0.50	0.80	0.81
6	0.37	0.53	0.92	0.92
7	0.61	0.79	1.46	2.22
8	0.74	0.93	1.58	2.11
9	0.86	1.12	2.22	3.52
10	1.35	1.81	2.53	3.41
11	4.90	7.16	7.22	8.02
12	9.13	9.47	9.62	6.56
13	9.20	9.35	9.68	6.67
14	8.95	8.29	8.99	6.67
15	(8.61)	(8.61)	6.96	5.58
16	(6.33)	(6.33)	(6.33)	2.76
17	0.74	0.93	2.15	2.38
18	4.78	5.86	6.39	4.17

注：括号内数值表示已破碎。

从码头前波高计算结果知，方案1与方案3泊位位置基本相同，方案1码头前沿波高略大于方案3，SSW向设计高水位重现期50年方案1、方案2和方案3码头前沿 $H_{13\%}$ 分别为1.79m，1.21m和1.58m。方案4和方案5的工程区实测水深较前3个方案加深，码头前沿 $H_{13\%}$ 分别为1.81m和1.24m。

方案6的100年一遇水位50年一遇重现期波浪作用下，新建防波堤的建成对原有一期工程港池及新建二期工程港池形成了良好的掩护，港池受SSW向波浪影响较大，一期工程港池最大 $H_{13\%}$ 波高0.87m，二期工程港池最大 $H_{13\%}$ 波高2.93m。14000t驳船码头前沿最大 $H_{13\%}$ 波高0.92m，55000t散货码头前沿最大 $H_{13\%}$ 波高2.22m，总体来看，一期工程港内波浪条件优于二期工程港内。100年一遇水位50年一遇重现期波浪作用下，一期工程航道出港池处最大 $H_{13\%}$ 波高2.38m，二期工程航道出港池处最大 $H_{13\%}$ 波高6.39m。

2.5 示范工程3波浪条件研究

2.5.1 计算方案及计算测点

三期工程拟在原有电厂及码头基础上进行码头和防浪堤的扩建,三期工程取水口位于一期工程已建成取水明渠内,底高程-4.5m。三期工程防浪堤全长1527.993m,目前正在建设中。根据取水口前池波高要求,前池内波动需小于0.3m,根据循环水泵房试验结果,明渠至前池透射系数为0.4,三期工程取水口处$H_{1\%}$波高应控制在0.75m以下;三期工程防浪堤建设后三期工程取水口处最大$H_{1\%}$波高为1.09m,不能满足循环水泵房波高要求。因此,根据三期工程取水明渠布置,增加三期工程防浪堤延长200m、300m、400m计算,计算方向选取对三期工程明渠波浪影响较大的S、SSW向。

三期工程计算方案共4个,即三期工程防浪堤不延长,三期工程防浪堤延长200m,三期工程防浪堤延长300m,三期工程防浪堤延长400m,三期工程方案布置见图2-26。取水明渠计算点的位置具体点位见图2-27,计算点的底高程见表2-25。

计算点底高程及位置　　　　　　　　表2-25

计 算 点	底高程(m)	位　　置
1	-4.0	西堤延长段堤头海侧
2	-3.5	原西堤堤头海侧
3	-2.0	西堤收紧段海侧
4	-1.0	西堤接岸处
5	-4.5	三期工程取水暗沟
6	-4.5	一期工程取水口
7	-4.5	取水明渠收紧段
8	-4.5	取水明渠口
9	-7.3	二期工程取水口
10	-2.0	二期工程排水口
11	-2.0	三期工程排水口
12	-2.0	排水明渠口
13	-2.0	灰场
14	-2.0	三期工程导流堤堤头海侧
15	-2.0	原导流堤堤头海侧

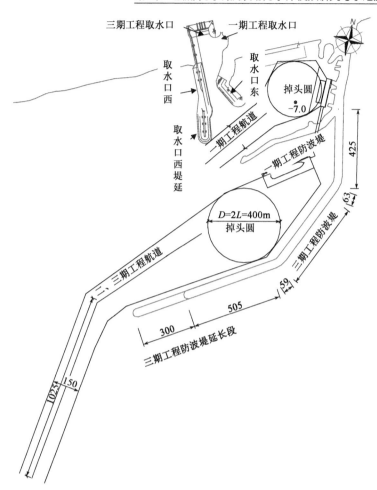

图 2-26　三期工程码头及防波堤平面布置示意图(尺寸单位:m)

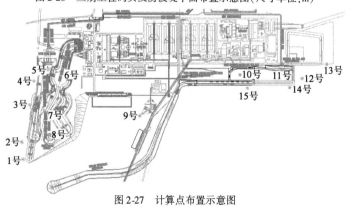

图 2-27　计算点布置示意图

2.5.2 工程后港内波高

采用 MIKE21-BW 模块，即 Boussinesq 方程波浪数学模型，对防浪堤工程前后波浪场进行模拟，得到港内波高分布，及取水明渠处的波浪要素，计算起始波浪要素见表 2-20。防波堤不延长以及各延长方案计算点波高见表 2-26、表 2-27。S 向 100 年一遇高水位重现期 50 年比波高分布见图 2-28～图 2-31。

防波堤不延长时，1% 设计高潮位 2.97m 50 年一遇重现期波浪作用下，三期工程取水明渠口门 8 号点最大 $H_{1\%}$ 为 3.01m，一期工程取水口 6 号点最大 $H_{1\%}$ 为 1.02m，二期工程取水口 9 号点最大 $H_{1\%}$ 为 1.30m，三期工程取水口 5 号点最大 $H_{1\%}$ 为 1.09m。结合循环水泵房流道水力特性物理模型试验，三期工程取水泵房前池波动最大 $H_{1\%}$ 为 0.43m。

防波堤不延长方案计算点 1% 设计高潮位 2.97m 波高(m)　　表 2-26

计算点	位　置	SSE 向		S 向		SSW 向	
		$H_{1\%}$	$H_{13\%}$	$H_{1\%}$	$H_{13\%}$	$H_{1\%}$	$H_{13\%}$
1	西堤延长段堤头海侧	2.13	1.50	(4.67)	3.67	(4.67)	(4.67)
2	原西堤堤头海侧	2.18	1.56	(4.00)	(4.00)	(4.00)	(4.00)
3	西堤收紧段海侧	2.23	1.62	(3.33)	(3.33)	(3.33)	(3.33)
4	西堤接岸处	2.31	1.74	(2.66)	(2.66)	(2.66)	(2.66)
5	三期工程取水暗沟前	0.28	0.19	1.03	0.70	1.09	0.80
6	一期工程取水口	0.26	0.18	0.95	0.65	1.02	0.70
7	明渠束窄段	0.79	0.54	2.85	2.04	3.07	2.21
8	明渠口	0.77	0.52	2.79	1.99	3.01	2.17
9	二期工程取水口	0.83	0.56	1.05	0.71	1.30	0.89
10	二期工程排水口	2.53	1.87	2.71	2.03	2.49	1.83
11	三期工程排水口	(3.33)	(3.33)	2.92	2.22	2.64	1.96
12	排水明渠口	(3.33)	(3.33)	(3.33)	(3.33)	(3.33)	(3.33)
13	灰场	(3.33)	(3.33)	(3.33)	(3.33)	(3.33)	(3.33)
14	三期工程导流堤堤头海侧	(3.33)	(3.33)	(3.33)	(3.33)	(3.33)	(3.33)
15	原导流堤堤头海侧	(3.33)	(3.33)	(3.33)	(3.33)	(3.33)	(3.33)

注：括号内数值表示该处波浪已破碎。

第2章 强涌浪海域波浪动力条件模拟研究与示范应用

延长方案计算点1%设计高潮位2.97m波高（m）

表2-27

计算点	位 置	延长200m S向 $H_{1\%}$	$H_{13\%}$	SSW向 $H_{1\%}$	$H_{13\%}$	延长300m S向 $H_{1\%}$	$H_{13\%}$	SSW向 $H_{1\%}$	$H_{13\%}$	延长400m S向 $H_{1\%}$	$H_{13\%}$	SSW向 $H_{1\%}$	$H_{13\%}$
1	西堤延长段堤头海侧	3.13	2.28	4.08	3.09	2.82	2.03	4.04	3.05	2.24	1.58	4.00	3.02
2	原西堤堤头海侧	3.51	2.66	(4.00)	(4.00)	3.30	2.47	(4.00)	(4.00)	3.08	2.28	(4.00)	(4.00)
3	西堤收紧段海侧	(3.33)	(3.33)	(3.33)	(3.33)	(3.33)	3.17	(3.33)	(3.33)	(3.33)	2.79	(3.33)	(3.33)
4	西堤接岸处	(2.66)	(2.66)	(2.66)	(2.66)	(2.66)	2.60	(2.66)	(2.66)	2.48	1.90	(2.66)	(2.66)
5	三期工程取水暗沟前	0.78	0.53	0.88	0.60	0.67	0.45	0.75	0.51	0.44	0.30	0.70	0.47
6	一期工程取水口	0.72	0.49	0.82	0.56	0.61	0.41	0.73	0.49	0.41	0.28	0.66	0.45
7	明渠束窄段	2.15	1.51	2.46	1.74	1.84	1.28	2.22	1.56	1.22	0.84	1.99	1.39
8	明渠口	2.11	1.48	2.41	1.70	1.80	1.25	2.18	1.53	1.20	0.82	1.95	1.36
9	二期工程取水口	0.90	0.61	0.93	0.63	0.88	0.59	0.91	0.61	0.76	0.51	0.77	0.52
10	二期工程排水口	2.71	2.03	2.49	1.83	2.71	2.03	2.49	1.83	2.71	2.03	2.49	1.83
11	三期工程排水口	2.92	2.22	2.64	1.96	2.92	2.22	2.64	1.96	2.92	2.22	2.64	1.96
12	排水明渠口	(3.33)	(3.33)	(3.33)	(3.33)	(3.33)	(3.33)	(3.33)	(3.33)	(3.33)	(3.33)	(3.33)	(3.33)
13	灰场	(3.33)	(3.33)	(3.33)	(3.33)	(3.33)	(3.33)	(3.33)	(3.33)	(3.33)	(3.33)	(3.33)	(3.33)
14	三期工程导流堤堤头海侧	(3.33)	(3.33)	(3.33)	(3.33)	(3.33)	(3.33)	(3.33)	(3.33)	(3.33)	(3.33)	(3.33)	(3.33)
15	原导流堤堤头海侧	(3.33)	(3.33)	(3.33)	(3.33)	(3.33)	(3.33)	(3.33)	(3.33)	(3.33)	(3.33)	(3.33)	(3.33)

注：括号内数值表示该处波浪已破碎。

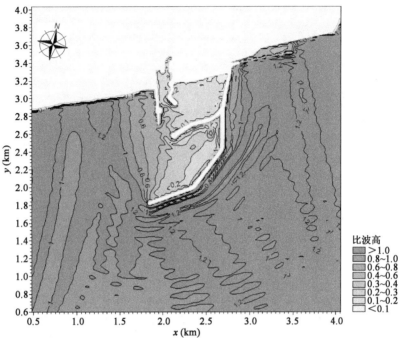

图 2-28　S 向 1% 设计高潮位重现期 50 年波浪作用下比波高分布图(不延长)

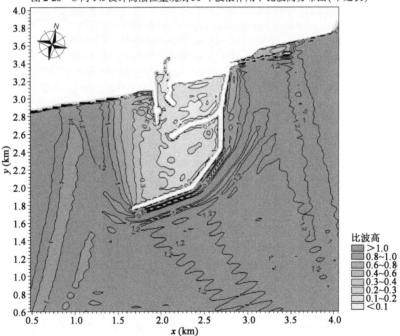

图 2-29　S 向 1% 设计高潮位重现期 50 年波浪作用下比波高分布图(延长 200m)

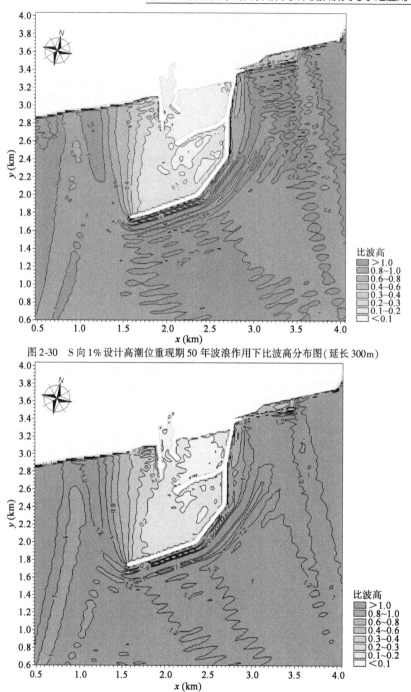

图 2-30　S 向 1% 设计高潮位重现期 50 年波浪作用下比波高分布图（延长 300m）

图 2-31　S 向 1% 设计高潮位重现期 50 年波浪作用下比波高分布图（延长 400m）

延长防浪堤200m三期工程取水暗沟前最大$H_{1\%}$波高为0.88m,延长防浪堤300m三期工程取水暗沟前最大$H_{1\%}$波高为0.75m,延长防浪堤400m三期工程取水暗沟前最大$H_{1\%}$波高为0.70m。结合循环水泵房流道水力特性物理模型试验,三期工程取水泵房前池波动在上述三种情况分别为延长防浪堤200m波高为0.35m、延长防浪堤300m波高为0.30m、延长防浪堤400m波高为0.28m。

2.5.3 波浪破碎计算

根据《港口与航道水文规范》(JTS 145—2015)规定以及《随机波浪及其工程应用》相关内容,波浪进入水深递减的浅水时,波长减小,波陡增大。当水深浅到一定程度时,波浪发生破碎。该水深称为波浪破碎的临界水深d_b,此时的波高称为破碎波高H_b。对于$i \leqslant 1/100$的缓坡,本工程H_b/d_b的最大值可用下式计算:

$$\left(\frac{H_b}{d_b}\right)_{max} = 0.55 + \exp\left(\frac{-0.012}{i}\right) \quad (2-33)$$

式中:H_b——破碎波高;

d_b——破碎水深;

i——海底坡度,本工程i取值0.0057。

通过计算,H_b/d_b取值0.67,输入$H_{1\%}$波高时计算重现期50年一遇$H_{1\%}$波浪条件下的波浪破碎水深,见表2-28。输入平均波高时计算重现期50年一遇波浪条件下的波浪破碎水深,见表2-29。

重现期50年对应最大破碎水深(m) 表2-28

潮位	浪向	H_m	d_b	破碎底高程
2.97	SSE	9.3	12.7	-9.7
	S	9.5	12.9	-9.9
	SSW	8.1	10.9	-7.9
-0.15	SSE	8.9	12.0	-12.2
	S	8.8	11.9	-12.0
	SSW	7.3	9.7	-9.8

重现期50年平均波高最大破碎水深(m) 表2-29

潮位	浪向	$\overline{H}$	d_b	破碎底高程
2.97	SSE	3.8	4.5	-1.6
	S	3.9	4.6	-1.7
	SSW	3.3	3.8	-0.8

续上表

潮　位	浪　向	$\overline{H}$	d_b	破碎底高程
-0.15	SSE	3.7	4.3	-4.4
	S	3.6	4.2	-4.4
	SSW	3.0	3.3	-3.4

由计算结果可知,100 年高潮位重现期 50 年 S 向波浪作用时最大破碎水深 12.9m,破碎底高程 -9.9m,100 年低潮位重现期 50 年 SSE 向波浪作用时最大破碎水深 12.0m,破碎底高程 -12.2m。

100 年高潮位重现期 50 年 S 向波浪作用时平均波高对应破碎水深 4.3m,破碎底高程 -1.7m,100 年低潮位重现期 50 年 SSE 向平均波高对应破碎水深 4.3m,破碎底高程 -4.4m。

根据实测地形图及破碎水深模拟出波浪破碎带范围,最大破碎底高程 -12.2m 破碎带范围如图 2-32 破碎带范围为中间深颜色所在的区域。

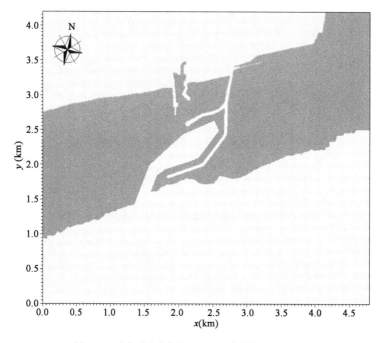

图 2-32　最大破碎底高程 -12.2m 破碎带范围示意图

2.6 全球海洋水动力数据分析系统

2.6.1 海洋水动力数据分析系统界面介绍

全球海洋水动力数据分析系统(GOHS)是基于历史在分析数据、近岸涉海工程短期实测资料及卫星资料对全球海域气象、海浪及潮流信息的分析处理软件(软件界面见图2-33);能够为工程研究提供长历时的气象海浪资料,近岸海浪要素及气象的分频结果、年极值结果。同时利用海洋数据的科学统计方法,得到全球深水海域内的深水海浪要素结果。

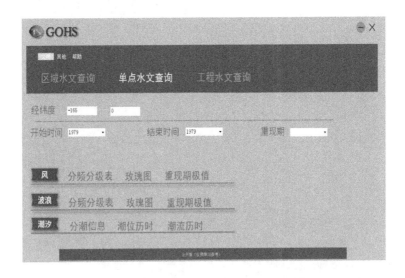

图2-33 全球海洋水动力数据分析系统(GOHS)界面

2.6.2 基于分析系统的"海上丝路"海域海浪特征分析

基于全球海洋水动力再分析系统,对"海上丝路"两洋一海及沿线关键节点附近的海浪特征分析(图2-34～图2-36)。重现期50年最大浪高出现在受西北太平洋台风影响严重的广东沿海,重现期50有效波高达10m以上,其次是阿拉伯海的印度洋西岸及越南沿海在8m以上。近岸海域年均超过1m的最大天数在印度洋的斯里兰卡科伦坡海域附近,其次是索马里海域附近。长周期在印度洋最为明显。

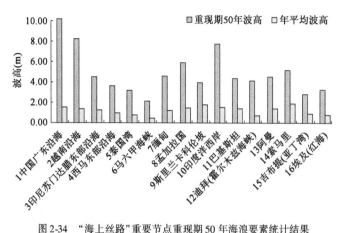

图 2-34 "海上丝路"重要节点重现期 50 年海浪要素统计结果

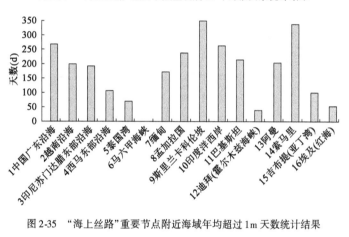

图 2-35 "海上丝路"重要节点附近海域年均超过 1m 天数统计结果

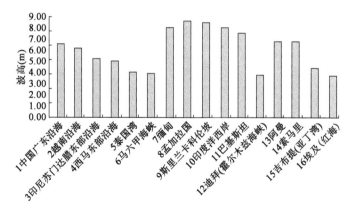

图 2-36 "海上丝路"重要节点附近海域周期特征统计结果

基于全球海洋水动力再分析系统,对"海上丝路"两洋—海季节变化特征进行分析。①1月,受NE向季风及寒潮影响南海的有效波高约在2.2m,其值明显大于北印度洋平均有效波高1.5m。5月为过渡季节,孟加拉湾的平均有效波高2m,阿拉伯海平均有效波高约为1.5m,两海域的平均有效波高均明显大于南海海域平均有效波高1.3m。8月,受西南季风影响阿拉伯海的平均有效波高约在3.2m,孟加拉湾约为2.3m;南海的平均有效波高相对较弱约1.3m。11月,南海与北印度洋的平均有效波高与1月相似,南海平均有效波高2.3m,孟加拉湾与阿拉伯海平均有效波高分别为1.5m和1.2m,南海波高要大于北印度洋的波高。海上丝路海域不同月份平均有效波高分布特征如图2-37所示。②11月及翌年1月,南海海域受太平洋涌浪影响平均周期约为8s,5月及8月受季风及台风影响平均周期约为6s。北印度洋东岸海域尤其在苏门答腊岛及爪哇岛西岸,常年受长周期涌浪的影响,特别在5月及8月平均周期达到12s左右。而北印度洋的西岸在冬季平均周期约为7s,夏季平均周期大于8s。"海上丝路"海域不同月份平均周期分布特征如图2-38所示。③南海海域受季风影响,冬季(1月、11月)海浪以偏E-偏NE向为主,过渡季节(5月)以SE向海浪为主,夏季(8月)则以SW向海浪为主。北印度洋东岸全年海浪浪向以S-WSW向为主,北印度洋西岸冬季以偏E向浪为主,夏季以S-SW向为主。④分析"海上丝路"沿海港区作业损失天数分布规律,发现当作业波高标准设定为1.5m时,冬季(11月及翌年1月)中国南海海域周边沿线作业损失天数在10~15d,阿拉伯海及孟加拉湾的东西沿岸作业损失天数均与南海沿线相比相对较少保持在2d以内,而苏门答腊岛及爪哇岛西岸作业损失天数超过15d;过渡月(5月份)台风尚未生成南海作业损失天数约为1~2d,北印度洋各区域的作业损失天数也相对较少(2~5d左右);至8月份南海海域受SW季风影响作业损失天数较少,但是台风在该季频发引起的更多关注,北印度洋各海域受到SW季风的影响作业损失天数较大(25~30d)。

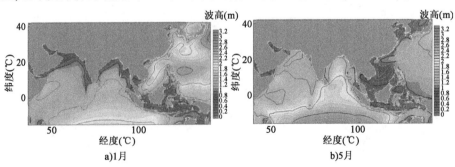

图 2-37

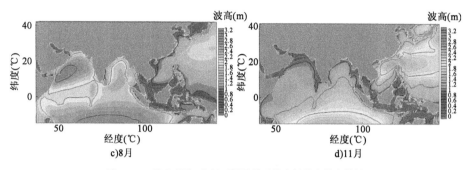

图 2-37 "海上丝路"海域不同月份平均有效波高分布特征

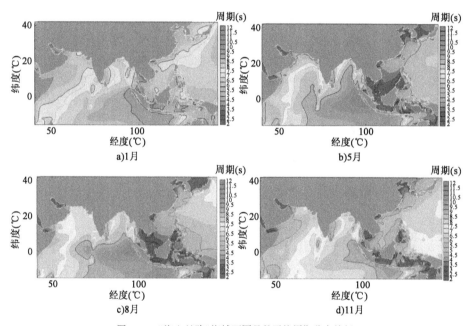

图 2-38 "海上丝路"海域不同月份平均周期分布特征

第3章　强涌浪海域滨海电站海工工程泥沙模拟研究与示范应用

由于该海区波浪条件恶劣，近岸破波带宽广，近岸破波带内受较强波浪动力影响，水体挟沙力显著增强，含沙量剧增，实测破波带内的最大含沙量可至 10kg/m³ 以上，一般也在 0.8～0.9kg/m³；沙质海岸在波浪的作用下处于非常活跃的状态，水体浑浊。港池、航道及堤防工程修建后，改变了原有的地形、地貌及水文动力条件，加上取排水的影响，电厂周边海域的泥沙冲淤情况可能发生较大的变化。在长周期涌浪作用下出现了严重的泥沙淤积，一期取水明渠的累积清淤厚度高达9.25m/年，二期取水口附近3个月泥沙淤积厚度达0.5m。

3.1　涌浪潮流作用下泥沙条件模拟技术

3.1.1　潮流动力条件模拟技术

3.1.1.1　基本方程

平面二维潮流数学模型的基本方程包括连续性方程和动量方程，控制方程有两种表达方式，分别是笛卡尔坐标系下的控制方程和球坐标系下的控制方程。其中笛卡尔坐标系下的控制方程形式如下。

连续性方程为：

$$\frac{\partial h}{\partial t}+\frac{\partial h\bar{u}}{\partial x}+\frac{\partial h\bar{v}}{\partial y}=hS \tag{3-1}$$

x 方向动量方程：

$$\frac{\partial h\bar{u}}{\partial t}+\frac{\partial h\bar{u}^2}{\partial x}+\frac{\partial h\bar{v}\bar{u}}{\partial y}=f\bar{v}h-gh\frac{\partial\eta}{\partial x}-\frac{h}{\rho_0}\frac{\partial p_a}{\partial x}-\frac{gh^2}{2\rho_0}\frac{\partial\rho}{\partial x}+\frac{\tau_{sx}}{\rho_0}-\frac{\tau_{bx}}{\rho_0}-\frac{1}{\rho_0}\left(\frac{\partial s_{xx}}{\partial x}+\frac{\partial s_{xy}}{\partial y}\right)+$$

$$\frac{\partial}{\partial x}(hT_{xx})+\frac{\partial}{\partial x}(hT_{xy})+hu_sS \tag{3-2}$$

y 方向动量方程：

$$\frac{\partial h\bar{v}}{\partial t}+\frac{\partial h\bar{u}\bar{v}}{\partial x}+\frac{\partial h\bar{v}^2}{\partial y}=-f\bar{u}h-gh\frac{\partial\eta}{\partial y}-\frac{h}{\rho_0}\frac{\partial p_a}{\partial y}-\frac{gh^2}{2\rho_0}\frac{\partial\rho}{\partial y}+\frac{\tau_{sy}}{\rho_0}-\frac{\tau_{by}}{\rho_0}-\frac{h}{\rho_0}\left(\frac{\partial s_{yx}}{\partial x}+\frac{\partial s_{yy}}{\partial y}\right)+$$

$$\frac{\partial}{\partial x}(hT_{xy}) + \frac{\partial}{\partial y}(hT_{yy}) + h v_s S \tag{3-3}$$

式中： t——时间（s）；

x、y——笛卡尔坐标的两坐标轴；

η——水面高程（m）；

h——总水深 $h = \eta + d$，d 为水深（m）；

u、v——对应于 x、y 的速度分量（m/s）；

f——科氏力，$f = 2\Omega\sin\varphi$，φ 为纬度；

g——重力加速度（m/s²）；

ρ——密度（kg/m³）；

ρ_0——相对密度；

p_a——大气压强（Pa）；

s_{xx}、s_{xy}、s_{yx}、s_{yy}——辐射应力分量；

(τ_{sx}, τ_{sy})、(τ_{bx}, τ_{by})——水面和底床的切应力在 x、y 方向上的分量；

S——源汇项流量（m³/s）；

u_s、v_s——源汇项对应的速度分量；

$\bar{u}$、$\bar{v}$——x、y 方向上的速度分量的均值，表达式如下所示：

$$h\bar{u} = \int_{-d}^{\eta} u \mathrm{d}z, \quad h\bar{v} = \int_{-d}^{\eta} v \mathrm{d}z \tag{3-4}$$

$$T_{xx} = 2A\frac{\partial \bar{u}}{\partial x}, \quad T_{yy} = 2A\frac{\partial \bar{v}}{\partial y}, \quad T_{xy} = A\left(\frac{\partial \bar{u}}{\partial x} + \frac{\partial \bar{v}}{\partial y}\right) \tag{3-5}$$

式中：T_{xx}、T_{xy}、T_{yy}——水平黏滞应力项，分为流体黏性应力 T_{xx}、紊流应力 T_{xy} 和水平对流应力 T_{yy}；可根据沿水深平均的速度梯度用涡流黏性方程得出，通过对涡黏方程计算可得；

A——水平涡黏系数。

3.1.1.2 表面风应力

表面风应力的计算公式可以表示为：

$$\vec{\tau}_s = \rho_a c_d |\vec{u}_w| \vec{u}_w \tag{3-6}$$

式中： ρ_a——大气密度（kg/m³）；

c_d——风的拖曳力系数；

$\vec{u}_w = (u_w, v_w)$——海面以上 10m 处的风速（m/s）。

与表面应力有关的摩阻流速为：

$$U_{\tau_s} = \sqrt{\frac{\rho_a c_f |\vec{u}_w|^2}{\rho_0}} \tag{3-7}$$

3.1.1.3 底部切应力

潮流模型底部应力的计算一般采用二次形式,将底部应力看作速度的函数。底部切应力根据牛顿摩擦定律其可定义为$\vec{\tau}_b = (\tau_{bx}, \tau_{by})$:

$$\frac{\vec{\tau}_b}{\rho_0} = c_f \vec{u}_b |\vec{u}_b| \tag{3-8}$$

式中:$\vec{u}_b = (u_b, v_b)$——底层流速,与底部切应力有关的摩阻流速为:

$$U_{\tau b} = \sqrt{c_f |\vec{u}_b|^2} \tag{3-9}$$

在二维模型中$\vec{u}_b$为垂向平均流速,底部的拖曳力系数可以通过谢才系数或曼宁系数推导出来,

$$c_f = \frac{g}{C^2} \tag{3-10}$$

$$c_f = \frac{g}{(Mh^{\frac{1}{6}})^2} \tag{3-11}$$

式中:C——谢才系数;

M——曼宁系数。

其中,曼宁系数可以通过床面粗糙度估算出来:

$$M = \frac{25.4}{k_s^{\frac{1}{6}}} \tag{3-12}$$

式中:k_s——床面粗糙度。

3.1.2 泥沙动力环境数值模拟技术

3.1.2.1 基本方程

模型是基于平面二维潮流场进行的,本节的计算模型是在此基础上加入悬沙输移扩散项与底床切应力项,悬沙输移扩散方程如下:

$$\frac{\partial \bar{c}}{\partial t} + u \frac{\partial \bar{c}}{\partial x} + v \frac{\partial \bar{c}}{\partial y} = \frac{1}{h} \frac{\partial}{\partial x} \left(h D_x \frac{\partial \bar{c}}{\partial x} \right) + \frac{1}{h} \frac{\partial}{\partial y} \left(h D_y \frac{\partial \bar{c}}{\partial y} \right) + Q_L C_L \frac{1}{h} - S$$

$$\tag{3-13}$$

式中:x、y——水平坐标轴;

u、v——x、y 轴向流速;

t——时间变量;

h——水深;

$\bar{c}$——沿水深平均悬沙浓度;

D_x、D_y——沿 x、y 向的悬沙紊动扩散系数;

S——冲淤项函数；

Q_L——单位水平区域的源流量；

C_L——源流量悬沙浓度。

3.1.2.2 主要参数

(1) 水流挟沙力

一定水流泥沙与本底床面组成条件下，单位水体所能挟带和输送的悬移质泥沙数量，是泥沙模拟研究中的关键参数，特别对于潮汐动力控制的水域，水流挟沙力是研究地形冲淤演变的一项不可缺少的基础工作。现依据《港口与航道水文规范》(JTS 145—2015)经验公式进行调整，其表达式改写为：

$$S = \phi \times \gamma_s \frac{(|v_1| + |v_2|)^2}{gd} \qquad (3\text{-}14)$$

式中：ϕ——依据实测含沙量反推出的计算系数，可反映本区水体挟沙能力的强弱，只要根据观测期间对应的波、流条件即可推算出 ϕ，再代入公式中即可得到不同动力条件下的水体含沙量。

同时，对于细颗粒悬移值，当水流将床面泥沙挟带作悬移质运动时，是靠水体中紊动涡团的扩散作用来悬浮泥沙的，细颗粒泥沙是以单颗粒与泥沙团粒(絮凝团)同时共存的形式悬浮于水中，即存在絮凝现象。水体紊动涡团对悬沙作用的强弱，可用水流对泥沙作用的有效沙粒剪切力来体现，而水体中絮凝团的数量与大小，是水流对床面上单个泥沙颗粒的作用力与泥沙颗粒间黏结力相互作用的产物，因此对于考虑絮凝影响的水流挟沙力可通过下述方法计算：

絮凝团重度：

$$\gamma'_s = 0.222\pi\gamma_s \left(\frac{d+\delta}{d}\right)^3 + \gamma\left[1 - 0.222\pi\left(\frac{d+\delta}{d}\right)^3\right] \qquad (3\text{-}15)$$

絮凝团直径：

$$D = \frac{9}{2\pi}\left(\frac{d+\delta}{d}\right)^3 \sqrt{d_0 d} \qquad (3\text{-}16)$$

即将絮凝团视为具有重度 γ'_s、直径为 D 的一种新泥沙，再用前式计算含沙量 S 即可，最后根据单颗粒悬沙挟沙力与考虑絮凝影响的水流挟沙力各自权重后，取加权平均之和。

(2) 泥沙静水沉速

ω 依赖于颗粒大小，单颗粒沉降速度可由 Stokes 定律概略估计。

$$\omega = \frac{(\rho_s - \rho)gd^2}{18\nu} \tag{3-17}$$

式中：ρ_s、ρ——泥沙的密度、水的密度；

g——重力加速度；

d——颗粒粒径；

ν——黏滞系数。

虽然现场缺乏实测悬沙粒径的资料，但是鉴于拟建港区含沙量有限的特点，参考类似河口区悬沙运动规律和粒径级别，判断本区主要为细颗粒，其表现为絮凝沉降，因此 ω 取值采用絮凝当量粒径沉速 $0.0004 \sim 0.0005 \mathrm{m/s}$。

(3) 悬沙扩散系数

悬沙扩散系数 D_x、D_y 根据经验和试算确定，但在本模型中必须满足如下条件：

$$\left(\frac{D_x}{2}\Delta x + \frac{D_y}{2}\Delta y\right) \cdot \Delta t \leqslant 0.5 \tag{3-18}$$

式中：D_x、D_y——x,y 方向扩散系数；

Δx、Δy——x,y 方向网格步长；

Δt——时间步长。

(4) 冲淤切应力函数

根据相关研究经验及对比测试，模型中泥沙落淤的沉降切应力、冲刷时床面侵蚀切应力函数的确定分别如下。

沉积（Deposition）：

$$S_D = \omega c_b P_d, \quad P_d = 1 - \frac{\tau_b}{\tau_{cb}} \quad (\tau_b \leqslant \tau_{cb}) \tag{3-19}$$

侵蚀（Erosion）：

$$S_E = E\left(\frac{\tau_b}{\tau_{ce}} - 1\right)^n \quad (\tau_b > \tau_{ce}) \tag{3-20}$$

式中：ω——泥沙沉降速度；

c_b——底床含沙量；

P_d——可能的沉积量；

τ_b——床面剪切力；

τ_{cb}——淤积临界床面剪切力；

E——床面侵蚀度系数；

τ_{ce}——侵蚀临界床面剪切力；

n——侵蚀力系数。

3.1.3 泥沙动力环境物理模型模拟技术

3.1.3.1 模型设计相似准则

泥沙物理模型研究确定取水明渠及明渠引堤的形式及特征尺寸时,需满足重力相似及几何相似;根据波浪动力特点,波浪整体物理模型设计需满足波浪运动相似。

1) 重力相似

$$\lambda_l = \frac{l_p}{l_m} \tag{3-21}$$

$$\lambda_T = \lambda^{\frac{1}{2}} \tag{3-22}$$

$$\lambda_M = \lambda^3 \tag{3-23}$$

$$\lambda_h = \lambda_H = \lambda \tag{3-24}$$

式中:λ_l——模型长度比尺;

λ_T——波周期比尺;

λ_M——质量比尺;

λ_H——波高比尺;

λ_h——垂直比尺。

2) 波浪运动相似

(1) 波浪传播速度相似

在有限水深情况下,波浪传播速度 c 为:

$$c = \frac{gT}{2\pi} \times \operatorname{th} \frac{2\pi h}{L} \tag{3-25}$$

式中:T——波周期;

h——水深;

L——波长。

由上式可得波速比尺:

$$\lambda_c = \lambda_T \times \lambda_{\operatorname{th}(2\pi h/L)} \tag{3-26}$$

为使波速比尺 λ_c 不因水深变化而改变,只有当 $\lambda_L = \lambda_h$ 时才能达到;又因 $L = c \times T$,即 $\lambda_L = \lambda_c \lambda_T$,故可得:

$$U_{\max} = \frac{\pi H}{T} \times \frac{1}{\operatorname{sh}(2\pi h/L)} \tag{3-27}$$

式中:H——波高。

由此可得相应的比尺关系为:

$$\lambda_{U_{\max}} = \frac{\lambda_H}{\lambda_T} \times \frac{1}{\lambda_{\operatorname{sh}(2\pi h/L)}} \tag{3-28}$$

同样,为使 $\lambda_{U_{\max}}$ 不因水深的变化而改变,也只有取 $\lambda_L = \lambda_h$,于是:

$$\lambda_{U_{\max}} = \frac{\lambda_H}{\lambda_T} \times \frac{\lambda_H}{\lambda_h^{1/2}} \tag{3-29}$$

当波高比尺 λ_H 等于水深比尺 λ_h 时,有:

$$\lambda_{U_{\max}} = \lambda_h^{\frac{1}{2}} \tag{3-30}$$

由式(3-26)和式(3-28)可以看出,只有当 $\lambda_H = \lambda_L = \lambda_h$ 时,λ_c 和 $\lambda_{U_{\max}}$ 才不因水深变化而改变,且与水流模型中重力相似的结果一致。

(2)折射相似

波浪传播过程中由于地形和水深变化而产生的折射现象,可由 Snell 定律描述:

$$\frac{\sin a_1}{c_1} = \frac{\sin a_2}{c_2} = \mathrm{const} \tag{3-31}$$

式中:a_1、c_1、a_2、c_2——两相邻等深线处的波向角和波速。

对上式取比尺关系,得出:

$$\lambda_{\sin a2/\sin a1} = \lambda_{c2/c1} = 1 \tag{3-32}$$

显然只有在 $\lambda_L = \lambda_h$ 时才能满足波浪折射相似的要求。

(3)绕射相似

要满足波浪绕射相似,原型与模型的绕射系数必须相同,即 $\lambda_{kh} = 1$。理论和实践证明,只有模型平面比尺和水深比尺(垂直比尺)与波浪比尺(波长和波高比尺)相同,才能完全满足波浪绕射相似。但在泥沙模型中,为使泥沙运动相似,往往模型需做成变态。而当模型变率不大时,也可以达到近似的绕射相似。

(4)反射相似

水工建筑物对波浪反射,与迎浪面的坡度和结构形式密切相关,一般也只有在正态模型中才能获得相似。在研究具体问题中,若为满足其他更主要的相似条件要求而必须选择变态模型时,建筑物结构形式往往需要做成正态,以保证波浪反射相似。

(5)波浪破碎相似

要取得波浪破碎相似,模型的底坡及坡陡均应保持原型值,即采用正态模型。但实际模型设计过程,还应注意做到原型和模型底摩阻损耗的相似。

3)波浪泥沙起动相似

根据 Komar 和 Miller 的研究,中细沙的沙质海岸在波浪作用下的泥沙起动判别式可采用:

$$\frac{\rho U_{mc}^2}{(\rho_s - \rho)gD} = 0.21 \left(\frac{2a}{D}\right)^{\frac{1}{2}} \tag{3-33}$$

式中：U_{mc}——起动时海底波浪水质点最大水平轨道运动速度；

　　　a——水质点在海底的半振幅；

　　　ρ_s、ρ——泥沙与水的密度；

　　　D——泥沙等容粒径。根据波浪理论，海底水质点半振幅。

$$a = \frac{H}{2\mathrm{sh}(kh)} \tag{3-34}$$

海底水质点最大水平轨道运动速度：

$$U_{mc} = \frac{\pi H}{T\mathrm{sh}(kh)} \tag{3-35}$$

把式(3-34)和式(3-35)带入式(3-33)，可得：

$$\frac{\rho \pi^2 H^{\frac{3}{2}}}{0.21(\rho_s - \rho) \cdot g \cdot d_s^{\frac{1}{2}} \cdot T^2 \mathrm{sh}^{\frac{3}{2}}(kh)} = 1 \tag{3-36}$$

由此式可得满足泥沙起动相似的比尺关系式为：

$$\frac{\lambda_h}{\lambda_d} = \lambda_{\rho_s-\rho}^2 \quad \text{或} \quad \lambda_d = \frac{\lambda_h}{\lambda_{\rho_s-\rho}^2} \tag{3-37}$$

4) 冲淤部位相似

由服部-川又公式：

$$\frac{\frac{H}{L}\tan\beta}{\frac{\omega}{gT}} = \mathrm{const} \tag{3-38}$$

式中：H、L、T——波高、波长、周期；

　　　β——波向角；

　　　ω——沉速。

$$\frac{\lambda_H}{\lambda_L} = \frac{\lambda_\omega}{\lambda_T} \tag{3-39}$$

当波高比尺和水深比尺相等时，可得到满足冲淤部位相似的泥沙沉速比尺：

$$\lambda_\omega = \frac{\lambda_h^{\frac{3}{2}}}{\lambda_l} \tag{3-40}$$

这与水流条件下泥沙冲淤部位相似得到的悬沙沉速比尺是一致的。

根据斯托克斯公式有泥沙沉降速度相似比尺：

$$\lambda_\omega = \lambda_d^2 \lambda_{(\rho_s-\rho)/\rho} \tag{3-41}$$

联立式(3-37)、式(3-40)和式(3-41)，可获得海岸泥沙运动相似条件综合比尺关系式：

$$\lambda_{\rho_s-\rho} = \lambda_l^{\frac{1}{3}} \cdot \lambda_h^{\frac{1}{6}} \tag{3-42}$$

$$\lambda_d = \left(\frac{\lambda_h}{\lambda_l}\right)^{\frac{2}{3}} \tag{3-43}$$

上两式是海岸波浪动床模型选择模型沙的依据公式。在满足波浪运动相似、泥沙运动相似的各项要求后，可根据试验研究范围、模型条件等确定各项比尺的大小。

3.1.3.2 模型比尺及选沙

根据场地条件及波浪试验相关要求，模型按重力相似准则设计，确定模型水平比尺和垂直比尺，考虑波浪泥沙试验中尽量减小波浪变态的影响变率。

模型沙的选择是动床物理模型设计的关键。首先按泥沙起动相似要求，由主要研究区域现场底质中值粒径统计，计算出不同重度模型沙的粒径。然后根据冲淤部位相似的要求计算得到沉速比尺 λ_ω，再由原水利电力部规范推荐的泥沙沉速公式[Stokes 公式，式(3-44)]计算出对应于不同重度模型沙的粒径。最后对两方面计算结果进行比较，确定模型沙的种类和粒径。

$$\omega = \left(\frac{1}{18\nu}\right)gD^2\left(\frac{\rho_s-\rho}{\rho}\right) \tag{3-44}$$

式中：ν——水流运动黏性系数，取 $\nu = 1.007 \times 10^{-6} \mathrm{m} \cdot \mathrm{s}^2$。

取得比尺关系：

$$\lambda_\omega = \lambda_D^2 \lambda_{(\rho_s-\rho)/\rho} \tag{3-45}$$

3.1.3.3 动床验证

动床验证试验中考虑水位变化以模拟港池纳潮动力，以此实现波浪作用下底沙推移质向港内输移的动力，即复演波浪动力掀动底部泥沙、水位变化引起的涨潮水流促成泥沙向港内扩散落淤的过程。由前文分析可知，取水明渠年输沙量约 16 万 m^3，即原型输沙率为 18.3 m^3/h。在模型中，经反复试验和调整波浪动力，最后满足港池冲淤分布相似的同时（淤积强度的几何相似关系 λ_L），得到取水明渠内的单位时间内的输沙量，进而计算得到输沙量比尺为：

$$\lambda_{QT} = \frac{(Q_T)_P}{(Q_T)_m} \tag{3-46}$$

进而，代入下式可计算得到床面冲淤变形相似的冲淤时间比尺为：

$$\lambda_{t0} = \frac{\lambda_{r0}\lambda_l^2\lambda_h}{\lambda_{QT}} \tag{3-47}$$

3.2 强涌浪海域泥沙环境分析与示范

3.2.1 工程区附近含沙量

2010年4月现场踏勘期间,对工程海域进行了水体含沙量的测定,共计测点16个,取样位置见图 3-1,实测结果见表 3-1。实测中,沿 Serayu 河口及其两侧水域布置了 16 个测点,每个测站垂向分为三层($0.2H$、$0.6H$ 和 $0.8H$)。各测站垂线平均含沙量为 $0.004 \sim 0.932 \text{kg/m}^3$,呈现自河口向外逐渐地减轻趋势,最大值出现在河口内 S3 站,最小值为 S2P 电厂港池内 S19 站。含沙量垂向分布上,表现为底层普遍高于表层,而个别点也表现为中层略大于底层,整体呈现自表向底的递增趋势,最大值出现在 S3 站底层(1.84kg/m^3)。

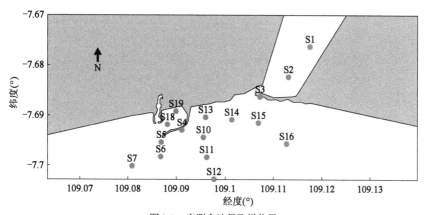

图 3-1 实测含沙量取样位置

工程海域实测含沙量   表 3-1

序号	编号	坐标 纬度	坐标 经度	水深(m)	分层	含沙量(kg/m^3)	备注
1					0.2	0.288	
2	S1	7°40′34.8″	109°07′03.2″	4	0.6	0.246	河
3					0.8	0.374	
4					0.2	0.411	
5	S2	7°40′56.6″	109°06′47.1″	2	0.6	0.376	河
6					0.8	0.528	

续上表

序号	编号	坐标		水深（m）	分层	含沙量（kg/m³）	备注
		纬度	经度				
7	S3	7°41′10.8″	109°06′26.1″	3	0.2	0.436	河
8					0.6	0.520	
9					0.8	1.840	
10	S4	7°41′34.8″	109°05′28.4″	7	0.2	0.008	海
11					0.6	0.006	
12					0.8	0.009	
13	S5	7°41′43.6″	109°05′13.0″	8	0.2	0.012	海
14					0.6	0.011	
15					0.8	0.009	
16	S6	7°41′53.9″	109°05′12.6″	10	0.2	0.013	海
17					0.6	0.005	
18					0.8	0.005	
19	S7	7°42′00.6″	109°04′51.3″	10	0.2	0.013	海
20					0.6	0.008	
21					0.8	0.008	
22	S10	7°41′40.1″	109°05′44.3″	8	0.2	0.006	海
23					0.6	0.005	
24					0.8	0.004	
25	S11	7°41′54.3″	109°05′46.8″	9	0.2	0.009	海
26					0.6	0.021	
27					0.8	0.028	
28	S12	7°42′10.0″	109°05′52.1″	13	0.2	0.019	海
29					0.6	0.018	
30					0.8	0.016	
31	S13	7°41′25.5″	109°05′45.9″	6	0.2	0.040	海
32					0.6	0.028	
33					0.8	0.016	

续上表

序号	编号	坐标		水深(m)	分层	含沙量(kg/m³)	备注
		纬度	经度				
34	S14	7°41′27.3″	109°06′05.2″	6	0.2	0.040	海
35					0.6	0.028	
36					0.8	0.026	
37	S15	7°41′29.6″	109°06′25.0″	7	0.2	0.058	海
38					0.6	0.005	
39					0.8	0.022	
40	S16	7°41′44.6″	109°06′45.8″	7	0.2	0.007	海
41					0.6	0.013	
42					0.8	0.008	
43	S18	7°41′30.8″	109°05′17.6″	—	0.2	0.003	海
44					0.6	0.006	
45					0.8	0.005	
46	S19	7°41′21.2″	109°05′24.0″	—	0.2	0.003	海
47					0.6	0.003	
48					0.8	0.005	

另外,近岸破波带内受较强波浪动力影响,水体挟沙力显著增强,含沙量剧增,实测破波带内的最大含沙量可至 $10kg/m^3$ 以上,一般也在 $0.8\sim0.9kg/m^3$。

3.2.2 底质分布特征

2010 年 4 月现场取样共计 124 个,其中港区水域样品 95 个,电站东、西侧岸滩为 29 个。根据室内颗粒分析结果,包含黏土质粉砂(YT)、粉砂质砂(TS)、砂质粉砂(ST)、细砂(FS)、中砂(MS)和粗砂(CS),全部样品的中值粒径在 0.005~0.729mm 之间,而以砂质粉砂为主;各样品中砂的平均含量占 72.7%,粉砂含量平均为 19.9%,而黏土仅占 7.8%,表明本海区沉积物含量以砂为主。

从空间分布上看,岸滩附近多为细砂,而港区附近及其以深区域多为粉砂质砂和黏土质粉砂,东侧 Serayu 河口则多为颗粒相对较粗的中砂、粗砂为主。而从粒径分布上,以河口逐渐向外海递减趋势,较粗颗粒集中于 Serayu 河口两侧,并呈现近岸向外海深水逐渐递减的分布趋势(图 3-2)。近岸滩的分选系数在 1.0 以上,分选差,而工程及以深水域分选系数均小于 0.35,分选极好。实测底质分选系数分布如图 3-3 所示。

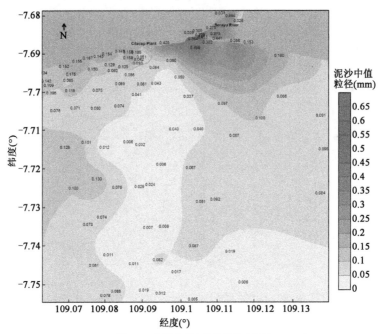

图 3-2　实测底质中值粒径分布图（d_{50}, mm）

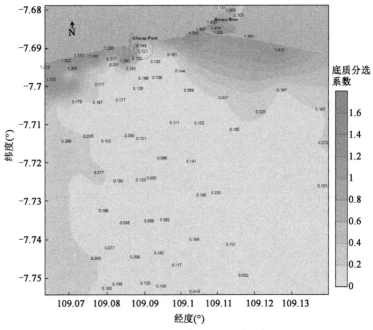

图 3-3　实测底质分选系数分布图

3.2.3 泥沙来源

工程海域泥沙主要来源于邻近河流、近岸浅滩等在波、流动力作用下挟带、搬运的物质。

1) Serayu 河流输沙

拟建工程区沿岸以东邻近河流，即 Serayu 河，位置分布如图 3-4 所示。该河又名 Tipar 河，其流域面积最大、河道最宽，距离拟建工程也最近，排水口及东防波堤紧挨着河口，受径流及输沙影响较大。该河口宽 150～640m，分别由发源于 Jawa 岛中部 Wanadadi 和 Rembang 山区的支流在 Somakaton 处交汇形成，主流自 Somakaton 至河口段总长约 53km。

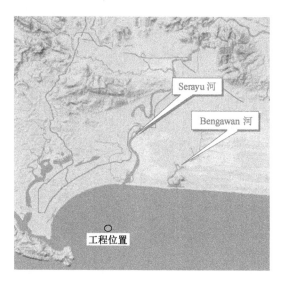

图 3-4　工程区两侧邻近 Bengawan 与 Serayu 河口

河流的径流输沙构成了拟建工程区最直观的泥沙来源，特别是 Serayu 河口近岸水体在雨季期间较为混浊，且扩散范围较广，已观察到的浑水带可延伸至河口外侧 2～3km 半径的范围，且还有继续向外海延伸趋势，分界线附近水深接近 −17m 等深线。另外，还沿岸纵向飘散，并受波浪横向作用影响，导致近岸一定范围内水体同样浑浊，河流下泄泥沙构成了影响本地区主要的沙源之一，为近岸滩输送了大量粗颗粒物质。根据 2009 年 12 月和 2010 年 4 月现场测量资料统计，河口实测含沙量在 0.1819～0.932kg/m³，4 月含沙量相对较大。Serayu 河口现状如图 3-5 所示，河中、上游河况如图 3-6 所示。

图 3-5 Serayu 河口现状

图 3-6 Serayu 河中、上游河况

根据 Serayu 河的集水面积、逐日降雨量(2008 年)等资料可计算出该河流的径流量和输沙量等参数,见表 3-2。

Serayu 河流径流量及输沙量结果 表 3-2

项目	集水面积 （km²）	最大流量 （m³/s）	最小流量 （m³/s）	平均流量 （m³/s）	径流量 （亿 m³）	实测含沙量 （kg/m³）	年输沙量 （t/年）
数值	2400	643	102	172	54.39	0.2424	1318516

2）波、流综合作用下的岸滩泥沙输移

本海区地处热带季风气候区,由于沿岸植被良好、气候湿润,因此风对陆相泥沙的搬运能力有限。但对于海床滩面上较细颗粒的物质来说,浪、流综合作用下的悬沙"掀扬-搬运"是一个不可忽视的泥沙来源之一。近岸滩砂也会在破碎波浪引起的裂流、沿岸流共同作用下,发生显著的输移运动,特别是破碎带内的横向输运极为明显,如图 3-7 和图 3-8 所示。

图 3-7 工程以东近岸滩砂在波浪作用下横向输移

图 3-8 工程以西近岸滩砂在波浪作用下横向输移

近岸底沙呈云团状的横向扩散非常显著,最远离岸 1.11km,-13~-12m 等深线处,这些扩散砂团与岸线凹凸相对应,该现象在工程周边其他岸滩也有出现,但不如本区明显。这部分活跃的泥沙将对工程的泥沙淤积形成直接影响。

3) 人为活动及洋流输送

同时,海滩沿岸、河口及下游的人类活动也对泥沙输移产生了影响,这些人类活动包括 S2P 电站取排水影响、人工采挖沙、河流中下游建桥等,特别是近年来的大规模挖沙活动,改变了东防波堤近岸及 Serayu 河口沙嘴形态,并降低了岸滩稳定性、提高了边坡泥沙的活跃程度、加速了滩面物质的输移交换,使之成为近岸砂源的另一组成部分。另外,受大洋环流的作用,外海洋流较强动力所挟带的少量泥沙流经本区时,也可形成了本海域沉积物的来源之一,如图 3-9 所示。

a)

b)

图 3-9 近岸滩面受人工采砂及工程建设影响的痕迹

3.2.4 岬间海湾地貌特征

工程区岸线走向整体近似为 E-W 向,岸形呈弧形,同时水陆交界岸线波浪形曲折,反映了该区横浪及裂流作用的常年影响结果。根据所在水域的岸滩及海床表层沉积物分析,主要以粒径为 0.1mm 左右的粉砂质砂为主,并由现场实测水下岸滩坡度为 1/117(-10~0m 等深线),所在海湾在东、西两凸出基岩岬角间呈弧状发育,因此属于典型的岬间砂质海岸,这类海岸一般是以海洋波浪比较强劲而潮流及河流动力相对较弱的基岩-砂质海岸发育而成。

位于两岬间的砂质海滩,在两岬角的约束下,经海浪和水流的综合作用,往往发育成不对称的弧形海湾。根据其形态成因,可将其分为两个基本地段(图 3-10)。

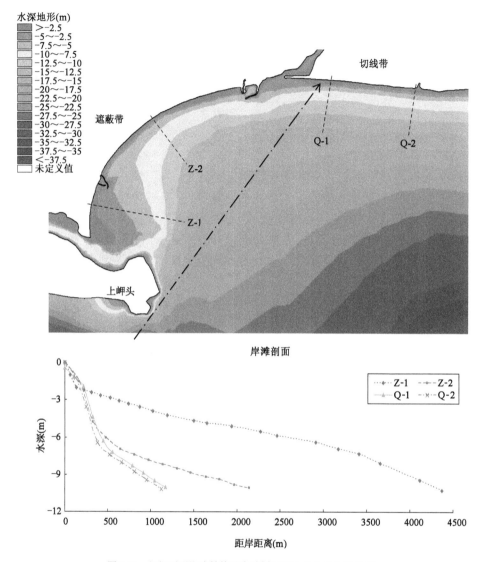

图 3-10 岬间弧形海湾结构及岸滩剖面(Z-1、Z-2、Q-1 和 Q-2)

(1)遮蔽带,即上岬角背后的掩护区,也是盛行波浪的波影区。盛行波浪经岬角绕射和海滩折射,将海滩侵蚀内凹成弧形,此段为泥沙储积丰富的浅水区,波浪破碎角很小,泥沙活动性较小,海滩坡度平缓,滩角与滩肩不明显,滩后岸堤低矮。从现场踏勘现状以及海图水深分布情况来看,该区满足上述特征的描述(图 3-11)。

a)   b)

图 3-11 遮蔽带海滩坡度相对平缓（Cilacap 渔港附近）

（2）切线带，即靠近海岸下游岬角的直线段，一般与盛行波的波峰线平行，受优势浪向的直射，海滩坡度相对较陡，该段泥沙活动性较大，尤其以横向运动显著，海岸滩角和滩肩较明显，后滩岸堤（沙堤）较高，可达数十厘米甚至 1m 以上，拟建工程区即位于该切线带。从现场踏勘情况来看，该区段满足上述特征的描述（图 3-12）。

a)   b)

图 3-12 切线带海滩坡度较陡、堆积沙堤显著（拟建 ADIPALA 工程区附近）

3.2.5 Serayu 河口演变趋势

工程周边较大的河流为西侧的 Serayu 河，河口在周围没有工程建设时，存在发育良好的拦门沙，长约 1.44km，受河口径流输沙和外海波浪的影响以及周边工程的影响，河口形态也相应动态调整。

从多年的卫星图片河口岸线的对比来看，Serayu 河口并不稳定，河口形态近 14 年来一直处于不断的演变调整之中，河口沙嘴形态也变化较大，特别是河口拦门沙嘴的变化较为频繁，历年卫星遥感影像都不同。如芝拉扎电厂建成以前 [图 3-13a)]，河口西岸有一相对封闭的潟湖存在，东岸有一向西延伸的拦门沙沙嘴,该沙嘴一端与海岸相连,另一端自由伸展,是毗连岸滩的延续,通常其增长方向和走势往往揭示出该区优势沿岸沉积物流的方向。由此判断 Serayu 河口位置的沿岸输沙方向是由东向西,与主浪向为 S 向是一致的。而芝拉扎电厂建成以后[图3-13b)],Serayu 河口逐渐与潟湖贯通,而拦门沙形态也在不断调整(2007 年和 2008 年卫星图片),并有向西延伸趋势。从 2009 年卫星图片可见,潟湖已不存在,河口直接与芝拉扎电厂东防浪堤接壤,自河口下泄水、沙均沿堤身外侧注入大海。而自 2012 年 9 月以后的演变情况[图3-13c)]可见,Serayu 河口变化更为剧烈,河口东侧向西甩出的沙嘴有萎缩的趋势(长度和宽度都明显变化),进而使河口宽度有所增加。

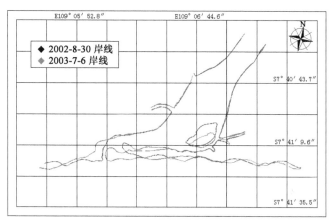

a) 芝拉扎电厂一期工程建设前

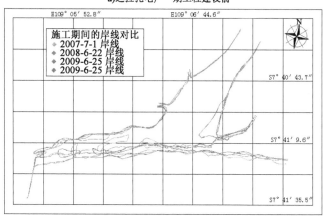

b) 芝拉扎电厂一期工程运营期间

图 3-13

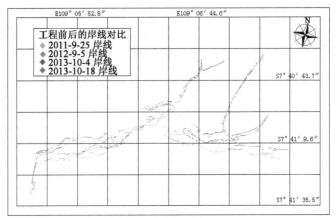

c) 相邻Adipala工程在建前、后期

图3-13 Serayu河口不同时期岸线轮廓对比示意图

河口产生巨变的可能原因可能如下：一是随着拦门沙坝的不断发育加长，河口口门变窄，在上游河流流量不变的情况下，口门处流速增强，进而输沙能力增强，致使河口处不断受到冲击，长时间的作用将潟湖区冲没；二是岸滩在大浪的长期作用下，不断冲击岸滩，带沙入海并沿堤输离岸滩，并在河流强水流冲泄的带动下输移至芝拉扎电厂取水明渠及港区口门附近；三是Cilacap电站建成后，阻碍了由西向东的波浪作用，因此河口东向输沙加大，缩窄河口，向西运动；四是近年来东侧沿岸在建工程的挡沙堤拦截了自东向西的沿岸输沙，导致河口沙嘴缺乏来自东向的补充，从而有萎缩趋势。

河口拦门沙是海岸地貌的一个形成单元，既受径流的影响，又受海洋动力的作用。Serayu河口拦门沙的演变反映了本区动力因素对拦门沙变化的影响，主要反映在径流量的多年变化上，雨季拦门沙坝顶刷深，滩长向海侧移动；旱季时，拦门沙滩面淤积，滩长向陆域深入。随着河口边界条件（如芝拉扎电厂防浪堤）改变，其适应调整。

3.3 示范工程1泥沙冲淤影响分析研究

一期工程泥沙条件及冲淤影响分析基于一期工程港区冲淤及取水口疏浚现状，根据3.1.2节采用了泥沙动力环境数值模拟技术，对一期工程港区及取水口冲淤现状进行了数值模拟分析；根据3.1.3节采用了泥沙动力环境物理模型模拟技术，对一期工程防波堤优化布置进行了一期工程港区及取水口冲淤影响研究分析。

3.3.1 一期工程港区冲淤及取水口疏浚现状

S2P电站建成以后,受河流径流挟沙、较强近岸波浪引起的输沙以及泥沙沿岸运动等的综合影响,电厂取水口严重被淤积,工程位置取水口基本被淤死,需经常清淤。取水口明渠在低潮期可见明显淤积体存在(图3-14)。

图3-14 取水口明渠内低潮期淤积体出露现状(2009年)

S2P电站2006年底竣工,自2007年8月进行第一次疏浚以来,取水口和港池累计疏浚总开挖量分别为286664m^3和652350m^3。这部分挖泥量按照相应的历时折算为淤积总量,即取水口和港池的年平均清淤量(也可表示为回淤量)分别约为16万m^3/年和20万m^3/年,总计约36万m^3/年,这部分沙量如果平均分摊到相应水域,按照各自淤积区域面积计算,则取水口和港池的年均累积淤强分别约9.25m/年和0.97m/年。其中,取水渠的疏浚是从未中断过的,至今现场一直有绞吸泵在工作,否则淤积将导致电厂运营终止,故上述取水渠淤积厚度是动态累计的结果,而并指非一次堆积9m多的概念。

另外,通过两次地形实测对比,也可对港池冲淤分布有所了解,如图3-15和图3-16。对比2009年3月11日和2010年2月16日,这期间有过一次疏浚(约4.9万m^3),包含这部分疏浚后再考虑地形冲淤变化后可以估算,实际港池年淤积量约为15万m^3,由此可知港池淤积强度平均为0.73m/年,略小于前文按照港池疏浚量推算值(0.97m/年),但数量级基本持平。

另外,由冲淤分布结果可见,码头前沿、口门区以及港池开挖边缘是主要的淤积区,犹以口门区最为显著,图3-15中港池邻近东防波堤处的侵蚀区域(浅蓝色)应该是由于疏浚开挖造成的,否则单纯自然动力条件不可能在此形成冲刷区。

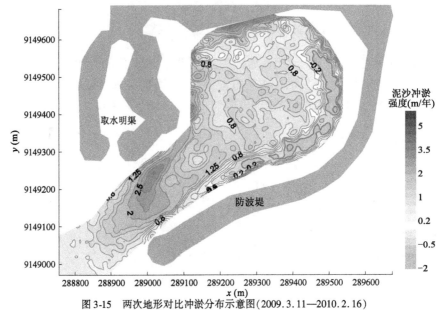

图 3-15　两次地形对比冲淤分布示意图(2009.3.11—2010.2.16)

注:2009 年 9 月 14 日对码头区进行过一次疏浚,挖泥量约 4.9 万 m³。图中取水明渠两侧至防波堤深色所围区域呈浅蓝色。

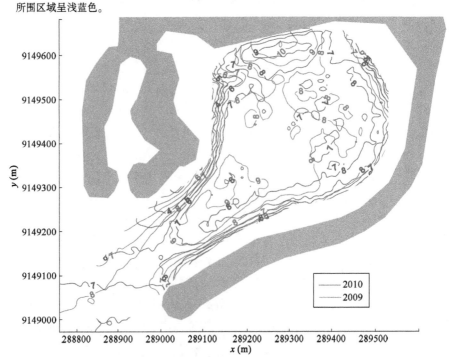

图 3-16　两次地形对比等深线分布示意图(2009.3—2010.2)

3.3.2 一期泥沙严重淤积机理分析

1) 主要泥沙动力

本区近岸较强的波浪动力条件、较弱的流速、以粉砂质砂为主的底质分布和颗粒重度相对略大于石英砂的特点,也反映出波浪是主要的泥沙输移动力,也是水体挟沙能力强弱的影响因素,同时本区波浪动力较强,近岸破波带相对宽广,且常年呈现较强波面运动特征,结合上一节泥沙起动特性分析,由此表明引起本区泥沙起动输移和悬浮的主要动力是波浪。工程海区波浪条件恶劣复杂,且现阶段实测资料不充分,但通过工程现场踏勘以及 2010 年初的短期现场实测数据分析,有效波高在 0.28~2.80m 之间,平均为 1.1m 以上;有效波周期 5.3~23.8s,平均为 11.5s 以上。表明本海域为长周期涌浪作用下的沙质海岸,而近海泥沙在此控制下向岸向迁移,常年作用下海滩形成"涌浪剖面"形态。

2) 悬沙因素

水体含沙量的高低,主要取决于以下三方面因素:

(1) 入海径流输沙量大小

主要受 Serayu 河雨季、旱季交替的影响,雨季 Serayu 河水体混浊(图 3-17),可延伸至河口外 5km 以上;而旱季输沙明显减少,河口水体混浊度也相对改善,与印度尼西亚地区其他河口类似,径流输沙主要受雨季降雨的控制,河口混浊带延伸至深水后,其含沙量也迅速降低,特别是传至港区口门附近时,已基本降低在 0.01kg/m^3 以下。

a) b)

图 3-17 雨季 Serayu 河口混浊带水体混浊呈黄褐色

(2) 底质分布状态

从底质中值粒径的分布上看,以河口逐渐向外海递减趋势,较粗颗粒集中于 Serayu 河口两侧近岸,而受常年近岸破碎带影响无法正常取样,因此从岸滩浅水破波带底质推测破碎带底质粒径也在 0.15mm 以上。底质分布的整体上表现为近岸向外海深水逐渐递减的趋势,这与实测含沙量分布趋势相吻合,即同样表现为由岸、河口逐渐向外海递减,同时受破波带影响,破碎带内的含沙量显著增加,甚至达到最大,对应的底质粒径也相对较粗。上述情况反映了海床沉积物的粒径特征与动力条件的关系,表现在挟砂能力大小与泥沙本身密切相关。

(3) 波浪动力的强弱

从近岸水体含沙量实测情况可见,动力较强的破碎带内,水体含沙量显著增大,实测悬沙含量最大可达 $10.9 kg/m^3$,一般也在 $0.5 \sim 1.4 kg/m^3$ 范围,且水体混浊呈带状分布于整个近岸破波带及周边水域,而随着水深逐渐增加,也远离破波带,挟砂能力开始减弱,水体逐渐变清,含沙量分布也趋于稳定,普遍小于 $0.01 kg/m^3$。

3) 沿岸输沙影响

前文计算结果表明,本区沿岸输沙能力相对有限,从现场踏勘情况也表明沿岸输沙对港区的影响并不明显。

从电站东、西两堤观察,没有明显的冲淤现象,表明冲刷、淤积并不强烈,没有显著的优势作用存在。其中,东堤由于紧邻河口,受径流下泄影响,很难有泥沙在此堆积,因而东堤堤根没有输沙淤积的现象,而 Serayu 河口拦门沙嘴的走向反映了东侧沿岸有向西输沙的趋势;从西堤(取水渠)堤根形态来看,低潮期间有一条沿堤淤积弧线反映出堤根的略淤趋势(图3-18),表明沿岸输沙作用不强,且从附近堤外散落的块石来看,该夹角处波能还较强,受波浪动力影响,因此该区域相对较为平衡。

图3-18 西堤外侧堤根处海岸形态呈现轻微淤积

4) 横向输沙与底沙运移

港区以西至西南侧的 Cilacap 渔港间的岸滩均较缓,以平缓的滩坡为特征,表现为消散性海滩;而东侧正对河口的水陆交界处岸滩遭受波浪作用显著,出现明显的侵蚀痕迹,并形成齿状陡崖,反映了横向波浪的长期控制结果。侵蚀流失的泥沙随波、流动力共同作用,输移在河口外侧水域,受径流区扩散、流速减弱的影响,泥沙将主要受波浪作用,近岸受外海传播折射影响,至近岸以向岸波为主,因此受其作用,泥沙呈现往复的输移,形成横向输沙运动(图 3-19)。

a)

b)

图 3-19 河口岸滩受横向作用显著

这部分泥沙随着横向作用,时时会影响港区口门,受横向浪的推移,没有掩护的取水明渠成为泥沙向岸运动的最终归宿(图 3-20),由于东防波堤难以对取水口形成有效遮蔽,因此运移至港区附近的泥沙可随波浪横向移动,由口门传至取水渠和港池。

图 3-20 泥沙随波浪横向输移影响港区淤积

同时，从前面分析可见，该区的悬沙浓度很难与取水口及港池内的淤积程度相联系，从取水口与港池内的淤积物粒径与组成上看，也非悬沙所致，但与周边近岸底质相近，因此可以初步判断淤积体主要来自周边近岸的泥沙输移，而至少来自悬移质的不是主要构成部分。从淤积分布与淤积物组成来看，S2P电站港区（包括取水口）的冲淤变形主要是建港后引起的海床动力环境（波、流）发生改变、从而导致的不平衡输沙引起的，即推移质输沙造成的冲淤。另外，电站常年取水的工作状态也对取水渠内的泥沙淤积起到一定作用。同时，较强动力下的破碎带内活跃的底沙，也被沿岸流带动而输移，构成了近岸泥沙运动的另一个组成部分。

3.3.3 一期泥沙冲淤数值模拟分析

结合3.1.2节泥沙动力环境数值模拟技术，根据S2P电站实际参数分别计算了取水口、港池的淤积量，如表3-3所示。其中，由于波浪引起的底部高浓度水体构成的淤积占港内淤积量的大部分。由计算结果可见，计算值与实际值比较接近，量值也基本相符，因此S2P电站淤积计算可以采用上述模式。

S2P电站取水渠、港池淤积计算值与实测结果对比　　　　表3-3

淤积位置	取水渠		港池	
历时	2007.8.22—2009.2.18（历时约18个月）		2007.8.10—2009.9.14（历时约25个月）	
累计淤积量 （万 m³/年）	实测挖泥量折算值	公式计算值	实测挖泥量折算值	公式计算值
	15.9	16.3	20.1	20.6
平均年淤积强度 （m/年）	9.25	9.48	0.97	0.99

3.3.4 一期泥沙冲淤物理模型模拟分析

一期泥沙物理模型模拟分析：在分析了港区冲淤现状冲淤机理的基础上，并针对一期工程取水明渠、港池及航道淤积问题，利用物理模型试验手段分析预测防波堤工程实施后的泥沙运动与冲淤情况，检验工程平面布置的合理性，并为解决和减轻泥沙淤积的工程措施等提供科学依据。

因此，对一期防波堤工程进行了三个方案的研究分析，如图3-21～图3-23所示。

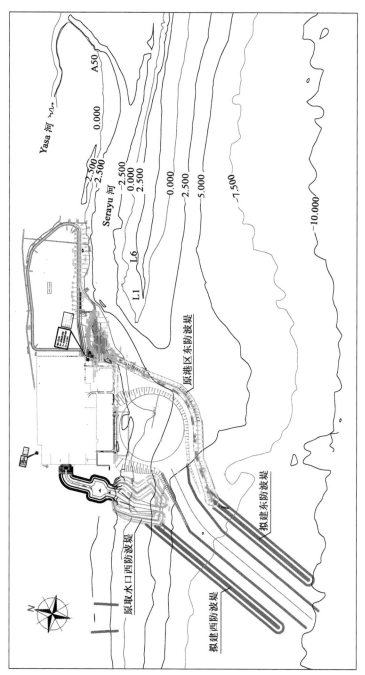

图 3-21 防波堤工程设计方案 1 平面布置示意图

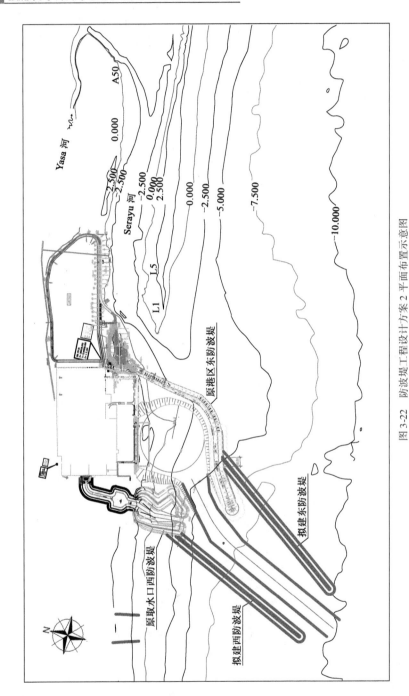

图 3-22 防波堤工程设计方案 2 平面布置示意图

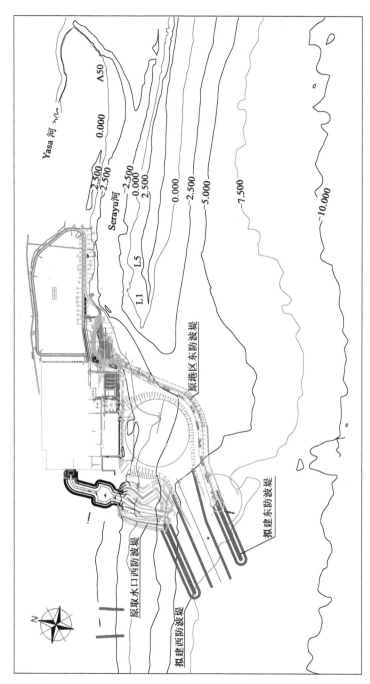

图3-23 防波堤工程设计方案3平面布置示意图

3.3.4.1 模型比尺及选沙

结合 3.1.3 节泥沙动力环境物理模型模拟技术,根据场地条件及波浪试验相关要求,模型按重力相似准则设计,确定模型水平比尺 120,考虑波浪泥沙试验中尽量减少波浪变态的影响变率应尽量小,因此选取垂直比尺 60,此时变率为 2。确定模拟范围及模型布置如图 3-24 所示。

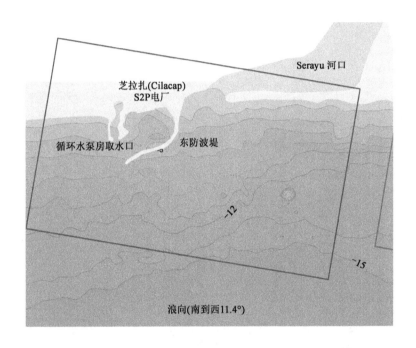

图 3-24　模拟范围、模型布置及防波堤工程方案 1 ~ 方案 3 模型布置图

根据已经选定的模型水平、垂直比尺和波浪要素比尺,并结合本区海床代表底质粒径,结合式(3-43)和式(3-44),可计算得到同时满足起动相似和冲淤部位相似的不同模型砂粒径比尺。在满足上述相似关系的基础上,应用 Stokes 式(3-43)计算得到满足沉降相似的不同模型沙粒径比尺,如表 3-4 所示。

物理模型试验主要比尺关系 表3-4

比尺项目	符号	计算值	取值
水平比尺	λ_l	—	120
垂直比尺	λ_h	—	60
波长	λ_L	—	60
波周期	λ_T	$\sqrt{60}$	$\sqrt{60}$
波速	λ_C	$\sqrt{60}$	$\sqrt{60}$
轨迹速度	λ_u	$\sqrt{60}$	$\sqrt{60}$
颗粒密度	$\lambda_{\rho s}$	1.93	1.93
粒径	λ_D	1.022	1.0
沉速	λ_ω	3.87	2.0

3.3.4.2 动床验证

结合3.1.3节泥沙动力环境物理模型模拟技术及一期港区冲淤及取水口疏浚现状可知,取水明渠年输沙量约16万m^3,即原型输沙率为18.3m^3/h。在模型中,经反复试验和调整波浪动力,最后满足港池冲淤分布相似的同时(淤积强度的几何相似关系,即满足$\lambda_L=60$),得到取水明渠内的单位时间内的输沙量约为$1.43\times10^{-3}m^3/h$,进而计算得到输沙量比尺和床面冲淤变形相似的冲淤时间比尺分别为12785和135。即模型中64.8h相当于原型一年,在实际试验中为偏于安全考虑,实际取值为65h。

3.3.4.3 泥沙冲淤影响分析

不同方案取水明渠及港内淤积物理模型值与数模计算结果比较见表3-5。物理模型试验复演了原型1年(12个月)的情况,结果表明泥沙淤积主要发生在进港航道及口门区的偏西侧附近,另外港内浅滩和码头近岸也有部分淤积,各方案整个港区泥沙的冲淤分布情况如图3-25~图3-27所示。

港内淤积物理模型值与数模计算结果比较 表3-5

淤积	位置							
	取水明渠				港池			
	现状条件下	方案1	方案2	方案3	现状条件下	方案1	方案2	方案3
年淤积强度(m/年)	9.25/9.48(累计均值)	0.03~0.93(平均值0.44)	0.03~1.08(平均值0.45)	0.03~0.90(平均值0.49)	0.97/0.99	0.002~1.12(平均值0.13)	0.003~0.92(平均值0.13)	0.006~1.64(平均值0.27)
累计淤积量(万m^3/年)	15.9/16.3(累计均值)	2.22	2.27	2.45	20.1/20.6	10.4	11.3	9.3

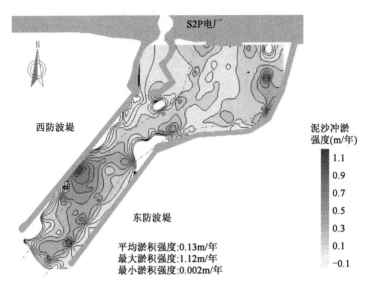

图 3-25　方案 1 实施后港池及航道淤积分布示意图

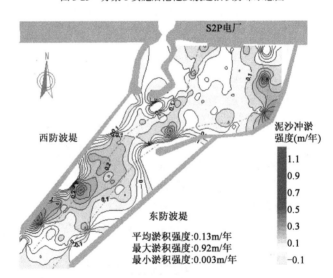

图 3-26　方案 2 实施后港池及航道淤积分布示意图

优化方案工程中防波堤已延伸远离近岸破波带,可以有效减少破碎带内的沿岸输沙和横向输沙影响,同时由于堤头及口门已伸展到含沙量扩散较小的海域($<0.01\text{kg/m}^3$),因此港池内淤积程度相对有限,而同时由于取水明渠已处于新延伸的东、西两堤之间的掩护水域,因此取水明渠的淤积也得到了改善。

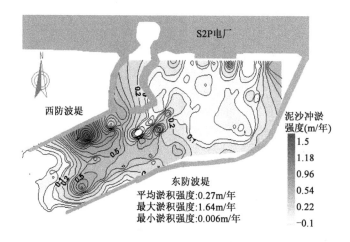

图3-27 方案3实施后港池及航道淤积分布示意图

方案1和方案2取水明渠内平均年淤积厚度(简称年淤厚)分别为0.44m/年和0.45m/年,最大淤积位于渠口附近,自口向内呈现沿程递减趋势,渠内年淤积强度(简称年淤强)分别为$2.22\times10^4 m^3$/年和$2.27\times10^4 m^3$/年。港内平均年淤厚0.13m/年,最大年淤强发生在进港航道口门内约350m附近的偏西一侧;整个港区年淤强分别为$10.4\times10^4 m^3$/年和$11.3\times10^4 m^3$/年。方案2略大于方案1,这与本方案进港航道纳潮面积略大有关。

方案3取水明渠内平均年淤厚为0.49m/年,最大淤积也位于渠口附近,自口向内呈现沿程递减趋势,渠内年淤积量为$2.45\times10^4 m^3$/年,相比于前两个方案,此时明渠内年淤强相对分布均匀,平均淤积厚度大于方案1、2。港内平均年淤厚为0.27m/年,最大年淤强也发生在进港航道口门内约250m位置附近的偏西一侧,港区淤积总量为$9.3\times10^4 m^3$/年。由于本方案口门朝向有利于掩护本区代表方向的波浪,因此传入的波能相对有限,故能够随波流传输至港池内的泥沙有所减少,但堤长相对较短,还有部分入射波和绕射波可影响至口门区航道及取水明渠水域。

方案1、方案2中,防波堤堤头已延至破碎带以外,港区自东西两侧的沿岸输沙必然受突出岸线防波堤的阻挡,而由于东堤外侧为电厂排水口和Serayu河,因此近岸的输沙难以在此堆积,但西防波堤则在试验中出现了堤根的淤积,按照沿岸输沙的运动趋势考虑,防波堤外侧岸线受优势输沙的影响会有自堤根的逐渐淤积,方案1和方案2实施后西堤外岸线变化对比如图3-28所示。由于上述两方案的西堤布置相同,因此两个方案西堤根淤积形态基本一致。西堤堤根淤积体沿岸的长度约1km,呈平缓弧线,但接近堤根处的堤身后掩护波影区向外海突出,淤积岸线与以往的垂直于岸线突堤有所不同,由于防波堤工程延长西堤为近似NE-SW走向,与代表浪向有一定夹角,因此在此1年内淤积体并未与完全与堤根连接。

a)初始状态西堤外岸线(与现状一致)　　　　b)模拟原型12个月后西堤外岸线

图 3-28　方案 1、方案 2 实施后西堤外岸线变化对比(平均潮位)

3.4　示范工程 2 泥沙冲淤影响分析研究

二期工程泥沙条件及冲淤影响分析基于一期工程港区冲淤及取水口疏浚现状,根据3.1.2节采用了泥沙动力环境数值模拟技术对二期工程建设后港区及取水口冲淤影响进行了数值模拟分析。

3.4.1　计算方案及计算测点

二期工程计算方案共1个,在已有港区基础上,新建防波堤由北向南分为三段,分别为段1、段2和段3,轴线方位分别为10°~190°、2°~182°、69°~249°。形成半掩护型港池,内设55000t散货泊位,航道深为-13.5m。二期工程防波堤及码头工程布置如图3-29所示。模型中取排水口附近冲淤计算点分布如图3-30所示。

3.4.2　二期工程泥沙冲淤数值模拟分析

根据3.1.2节采用了泥沙动力环境数值模拟技术对二期工程建设后港区及取水口冲淤影响进行了数值模拟分析,计算结果如表3-6所示。

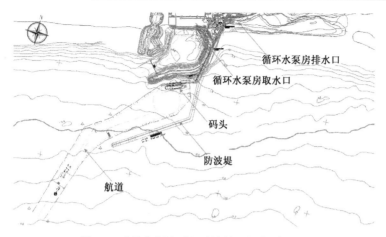

图3-29 芝拉扎电厂二期工程电站工程平面布置图

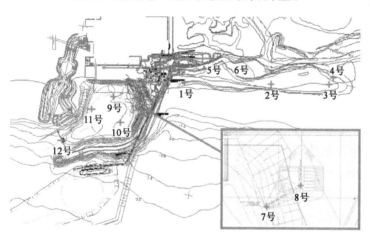

图3-30 冲淤计算点位置示意图

数学模型各计算点年均冲淤强度计算结果　　　表3-6

计算位置		底高程(m)	年均冲淤强度(m/年)	计算位置		底高程(m)	年均冲淤强度(m/年)
二期工程隔热堤	1号	-0.31	-0.53	二期工程取水口	7号	-6.85	0.28
	2号	3	-0.6	二期工程取水明渠	8号	-5	0.11
	3号	1.32	0.57	一期工程港池	9号	-7.56	0.34
	4号	2.14	0.71		10号	-7.1	0.26
二期工程排水口	5号	0.4	-0.51		11号	-7.06	0.31
	6号	0.5	-0.62		12号	-4	0.25

注：表中年均冲淤强度分别表示淤积和冲刷。

根据平面布置形式,二期工程取水口布置港内,因此受防波堤的掩护下,取水口所在的水域受涨落潮影响较小,涨落潮过程中防波堤间水体主要通过港区口门与外海区的水体发生交换,进入港池内的泥沙以悬移质为主。港外水体挟带的悬沙经进港航道进入港池和取水口,并沿程落淤。由于二期工程取水口布置在港内近岸区,涨落潮水流挟带的泥沙先后经进港航道、回旋水域、港池沿程落淤后,泥沙含量逐渐减小,相应的泥沙淤积也沿程减弱。

二期工程排水口邻近一期工程排水口,位于防波堤以东的近岸水域,排水口所在水域的主要来沙是自东向西的沿岸输沙(含径流输沙),且由于邻近近岸破波带,排水口附近在缺乏浅滩沙坝掩护的开敞条件下波浪掀沙动力相对较强,因此在涨落潮过程中排水口前沿具备一定的沿岸流速。同时还有其自身排水出流,因此虽然存在经过排水口前沿水域的输沙量,但大部分泥沙仍能沿岸输移,二期工程建厂初期排水口处将主要表现为侵蚀趋势。但随着运行年限的加长,河口径流输沙和沿岸输沙的存在很可能促成其邻近沙坝(若未清除)堆积,将有逐渐自河口沿岸往西的排水口附近水域发展趋势,因此值得关注。

另外,数值模拟还对港区其他部位的淤积进行了计算点提取,以供设计参考。表3-7为港区及进港航道对应不同位置处的年均淤积强度的计算结果。其中 –7m 处于一期工程港池口门位置, –10m 靠近拟建二期工程防波堤堤头。两位置水动力条件较强,淤积强度也相对较弱。另外由于二期工程取水口位于一期工程港池内,一期工程港池与表3-6中的取水口的淤积强度基本一致。

港区其他部位年均淤积强度计算值　　　　表3-7

计算位置			年均淤积强度(m/年)
一期工程	港内水域(–7.0m)	泊位(原–5m等深线附近)	+0.27
		回转区(原–6m等深线附近)	+0.32
	进港航道(–7.0m)	口门区(原–7m等深线附近)	+0.16
二期工程	港内水域(–13.5m)	原–8m等深线附近	+0.35
		原–9m等深线附近	+0.31
		原–10m等深线附近	+0.32
	进港航道(–13.5m)	原–11m等深线附近	+0.13
		原–12m等深线附近	+0.24
		原–13m等深线附近	+0.21

注:表中"+""–"分别表示淤积和冲刷。

3.5 示范工程3泥沙冲淤影响分析研究

三期工程泥沙条件及冲淤影响分析基于一期工程港区冲淤及取水口疏浚现状,根据3.1.2节采用了泥沙动力环境数值模拟技术,对三期工程港区及取水口冲淤现状进行了数值模拟分析;根据3.1.3节采用了泥沙动力环境物理模型模拟技术,对三期工程防波堤优化布置进行了三期工程港区及取水口冲淤影响研究分析。

3.5.1 三期工程泥沙冲淤数值模拟分析

3.5.1.1 数值模拟研究方案及特征点

三期工程泥沙冲淤数值模拟分析研究方案共4个,三期工程计算方案共4个,即南侧进水方案三期工程防浪堤不延长、三期工程防浪堤延长200m、三期工程防浪堤延长300m、三期工程防浪堤延长400m,三期工程方案布置见图2-30。为了分析三期工程取水建设对一、三期工程取水明渠和一期工程航道港池的冲淤影响,共提取了24个计算特征点,计算特征点见图3-31,各计算点底高程和位置见表3-8。

计算点底高程及位置 表3-8

编号	底高程(m)	位　置	编号	底高程(m)	位　置
1	-6	一期工程取水明渠西堤延长部分头部	13	-7.5	二期工程码头
2	-4	一期工程取水明渠西堤头部	14	-7.5	
3	-2	一期工程取水明渠西堤西侧	15	-7.5	
4	-1		16	-7	一期工程港池
5	-6.5	三期工程取水口处	17	-7	
6	-4.5	一期工程取水口处	18	-7	
7	-4.5	一期工程取水明渠内	19	-7	
8	-4.5	一期工程取水明渠东堤外侧	20	-2.5	电厂西侧岸线
9	-4.5		21	-2.6	
10	-7.3	二期工程取水口处	22	-3	
11	-7	一期工程码头	23	-3	
12	-7		24	-3	

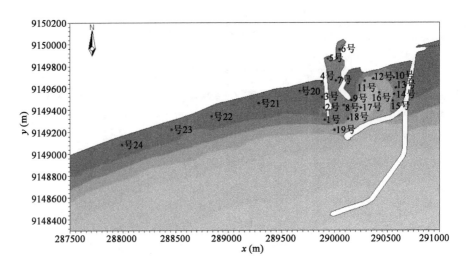

图 3-31　工程区计算点

3.5.1.2　南侧进水方案三期工程防浪堤建成(不延长)

针对南侧进水方案三期工程防浪堤建成(不延长)，计算一、三期工程取水明渠和一期工程航道港池的年均冲淤强度和年淤积量,结果见表3-9。

南侧进水方案三期工程防浪堤建成(不延长)各区域年均冲淤强度　表3-9

位　　置	工况1[25+34.5+49(m³/s)]	工况2[25+34.5+49×2(m³/s)]
一、三期工程取水明渠(m/年)	0.38	0.43
一期工程港池航道(m/年)	0.40	0.49
20号(m/年)	0.03	0.01
21号(m/年)	0.03	0.03
22号(m/年)	0.05	0.05
23号(m/年)	0.1	0.1
24号(m/年)	0.1	0.08
一、三期工程明渠淤积量(万m³/年)	2.29	2.60
一期工程港池航道淤积量(万m³/年)	11.17	13.68

注:20~24号为工程西侧岸线。

3.5.1.3　南侧进水方案三期工程防浪堤延长200m

针对南侧进水方案三期工程防浪堤延长200m,计算了一、三期工程取水明渠和一期工程航道港池的年均冲淤强度和年淤积量,结果见表3-10。

南侧进水方案三期工程防浪堤延长 200m 各区域年均冲淤强度和年淤积量

表 3-10

位 置	工况 1[25+34.5+49(m^3/s)]		工况 2[25+34.5+49×2(m^3/s)]	
	未延长	延长 200m	未延长	延长 200m
一、三期工程取水明渠(m/年)	0.38	0.31	0.43	0.36
一期工程港池航道(m/年)	0.40	0.30	0.49	0.36
一、三期工程明渠淤积量(万 m^3/年)	2.29	1.86	2.60	2.17
一期工程港池航道淤积量(万 m^3/年)	11.17	8.29	13.68	10.05

3.5.1.4 南侧进水方案三期工程防浪堤延长 300m

针对南侧进水方案三期工程防浪堤延长 300m,计算了一、三期工程取水明渠和一期工程航道港池的年均冲淤积强度和年淤积量,结果见表 3-11。

南侧进水方案三期工程防浪堤延长 300m 各区域年均冲淤强度和年淤积量

表 3-11

位 置	工况 1[25+34.5+49(m^3/s)]		工况 2[25+34.5+49×2(m^3/s)]	
	未延长	延长 300m	未延长	延长 300m
一、三期工程取水明渠(m/年)	0.38	0.26	0.43	0.29
一期工程港池航道(m/年)	0.40	0.22	0.49	0.25
一、三期工程取水明渠淤积量(万 m^3/年)	2.29	1.55	2.60	1.75
一期工程港池航道淤积量(万 m^3/年)	11.17	6.08	13.68	7.04

3.5.1.5 南侧进水方案三期工程防浪堤延长 400m

针对南侧进水方案三期工程防浪堤延长 400m,计算了一、三期工程取水明渠和一期工程航道港池的年均冲淤强度和年淤积量,结果见表 3-12。

南侧进水方案三期工程防浪堤延长 400m 各区域年均冲淤强度和年淤积量

表 3-12

位 置	工况 1[25+34.5+49(m^3/s)]		工况 2[25+34.5+49×2(m^3/s)]	
	未延长	延长 400m	未延长	延长 400m
一、三期工程取水明渠(m/年)	0.38	0.24	0.43	0.27
一期工程港池航道(m/年)	0.40	0.16	0.49	0.19
一、三期工程取水明渠淤积量(万 m^3/年)	2.29	1.44	2.60	1.60
一期工程港池航道淤积量(万 m^3/年)	11.17	4.42	13.68	5.22

根据以上计算结果以及以往研究成果分析，厂区西侧岸线泥沙淤积主要受自西向东沿岸输沙影响，年淤积强度在0.1m/年以下，泥沙淤积能力有限。取水明渠以及位于明渠内的一期工程取水口和三期工程取水口的泥沙淤积，主要来自海相横向输沙，受三期工程防浪堤的掩护作用，阻断了海相底沙输移通道，同时减小了外海传入取水明渠附近的波浪动力，从而使明渠内的泥沙淤积减小，防浪堤越长，掩护效果越明显，对减小明渠内泥沙淤积越有利。取水流量的增加，使得水体挟沙能力增大，工况1和工况2相比，取水明渠以及一期、二期、三期工程取水口、航道、一期和二期工程码头泥沙淤积均有所加大。

根据平面布置形式，三期工程取水口布置港内，因此受防浪堤的掩护下，取水口所在的水域受涨落潮影响较小，涨落潮过程中防浪堤间水体主要通过港区口门与外海区的水体发生交换。港外水体挟带的悬沙经进港航道进入港池和取水口，并沿程落淤。由于三期工程取水口布置在明渠近岸区，涨落潮水流挟带的泥沙经取水明渠口门沿程落淤后，泥沙含量逐渐减小，相应的泥沙淤积也沿程减弱。

三期工程的排水口邻近一期、二期工程排水口，位于防浪堤以东的近岸水域，排水口所在水域的主要来沙是自东向西的沿岸输沙（含径流输沙），且由于邻近近岸破波带，排水口附近在缺乏浅滩沙坝掩护的开敞条件下波浪掀砂动力相对较强，因此在涨落潮过程中排水口前沿具备一定的沿岸流速，同时还有其自身排水出流，因此虽然存在经过排水口前沿水域的输沙量，但大部分泥沙仍能沿岸输移。三期工程建厂初期，排水口处将主要表现为侵蚀趋势。随着运行年限的加长，河口径流输沙和沿岸输沙的存在，很可能促成其邻近沙坝（若未清除）堆积。

3.5.1.6 50年一遇最大淤积厚度

50年一遇波浪作用下的骤淤采用50年一遇S向波浪要素，作用时间为48h，不同情况下的计算结果见表3-13。

南侧进水方案三期防浪堤延长400m各区域骤淤强度　　表3-13

位置	工况1[25+34.5+49(m^3/s)]				工况2[25+34.5+49×2(m^3/s)]			
	未延长	延长200m淤积强度(m/年)	延长300m淤积强度(m/年)	延长400m淤积强度(m/年)	未延长	延长200m淤积强度(m/年)	延长300m淤积强度(m/年)	延长400m淤积强度(m/年)
一、三期工程取水明渠	0.03	0.02	0.02	0.02	0.03	0.03	0.02	0.02
一期工程港池航道	0.03	0.02	0.02	0.01	0.04	0.03	0.02	0.01

3.5.2 三期工程泥沙冲淤物理模型模拟分析

3.5.2.1 物理模型模拟研究方案

三期工程泥沙冲淤数值模拟分析研究方案共 3 个,分别为方案 1、方案 2 和方案 3。其中,方案 1 取水明渠部分为南侧进水设计方案。方案 1 在一期工程取水明渠的基础上进行改建。原明渠东堤堤头拆除,其余部分保留;改造原明渠西堤,将明渠西扩;西侧原堤头保留,并向海域延伸。取水明渠设计底高程为 -4.5 m。方案 1 三期工程防浪堤建设长度在原设计基础上延长 300m,见图 3-32。

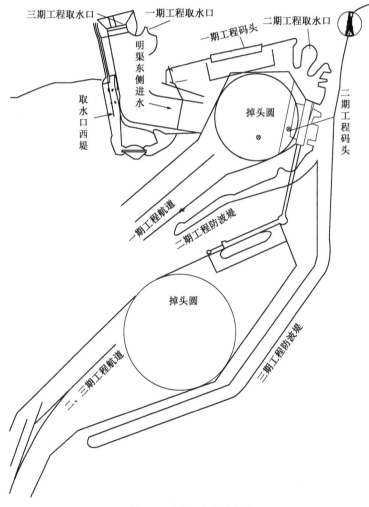

图 3-32　方案 1 布置示意图

取水暗沟周围采用250~350kg护面块石，取水西堤靠近取水暗沟段采用2t扭王护面块体，取水西堤采用4t扭王护面块体，取水西堤延长段采用8t扭王护面块体，取水东堤采用8t扭王护面块体。

方案2布置方案取水明渠由东侧进水设计方案。该方案在原取水东堤距岸约50m处向海侧开口，形成明渠入口，明渠底高程为-4.5m，新明渠入口设计断面高程-4.5m底宽100m，见图3-33。方案2东西堤堤头连接段海侧和原东堤堤头剩余部分采用8t扭王护面块体，东西堤堤头连接段明渠侧、新明渠口北侧堤头采用100~150kg双层块石护面，新明渠口采用100~150kg双层块石护底。

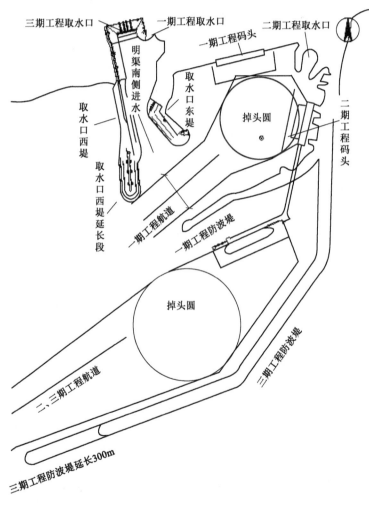

图3-33 方案2布置示意图

方案3 布置方案在方案2基础上延长三期工程防浪堤300m。

3.5.2.2 模型比尺及选沙

结合3.1.3节泥沙动力环境物理模型模拟技术,根据试验场地、仪器设备、工程范围等因素拟采用正态整体物理模型,模型的水平比尺为1:50。试验选用比尺关系统计见表3-14。

波浪整体模型试验主要比尺关系　　　　　　　　　　表3-14

项　目	符　号	比　尺
水平比尺	λ_l	50
垂直比尺	λ_h	50
流量比尺	λ_Q	17677.67
波长比尺	λ_L	50
波周期比尺	λ_T	7.07
波速比尺	λ_C	7.07

根据现场底质取样分析,海床沉积物主要包含粉砂质砂、砂质粉砂、中砂、细砂和粗砂等类型,全部样品的中值粒径分布在0.005~0.729mm之间,其中以粉砂质砂为主。本次试验的主要研究对象为取水明渠,因此物理模型将沿近岸破碎带以内,包含整个取水明渠及部分海侧及港内区域铺设模型沙。

经前文分析,本区淤积将以波浪作用下的床面泥沙输移运动为主,因此悬沙不予模拟,而底质作为物理模型选沙的重要依据,试验根据上述统计得到的平均值选择目标原型沙。

模型沙的选择是动床物理模型设计的关键。根据式(3-41)和式(3-42)计算结果,选择密度$\rho_s = 1.48\text{g/cm}^3$的电木粉作为模型沙,模型沙粒径$d_{50} = 0.106\text{mm}$。沙粒重度比尺$\lambda_{\gamma_s - \gamma} = 3.25$,粒径比尺$\lambda_d = 1.42$。

方案1、方案2最终模型分别如图3-34、图3-35所示。

3.5.2.3 动床验证

结合3.1.3节泥沙动力环境物理模型模拟技术及一期工程港区冲淤及取水口疏浚现状可知,取水明渠年输沙量约16万m^3,即原型输沙率为$18.3\text{m}^3/\text{h}$。在模型中,经反复试验和调整波浪动力,最后满足港池冲淤分布相似的同时(淤积强度的几何相似关系,即满足$\lambda_L = 50$),得到取水明渠内的单位时间内的输沙量约为$4.95 \times 10^{-3}\text{m}^3/\text{h}$,进而计算得到输沙量比尺和床面冲淤变形相似的冲淤时间比尺分别为3700和93。即模型中94.37h相当于原型一年,在实际试验中为偏于安全考虑,实际取值为95h。

图 3-34 方案 1 最终模型

图 3-35 方案 2 最终模型

3.5.2.4 三期工程泥沙年冲淤物理模型模拟分析

各方案取水明渠和港池航道历时 1 年的淤积分布试验结果见图 3-36 ~ 图 3-38，图中圆点为明渠或港池航道的最大淤积位置。方案 1 的年淤积强度测点位置见图 3-39，方案 2 和方案 3 的年淤积强度测点位置见图 3-40。

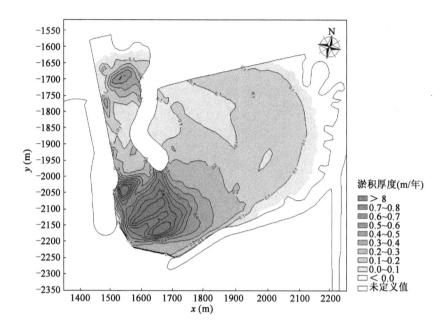

图 3-36 方案 1 取水明渠和港池航道淤积分布试验结果

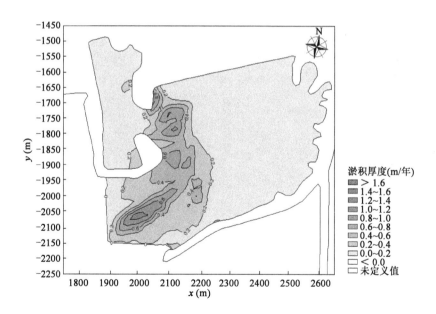

图 3-37 方案 2 取水明渠和港池航道淤积分布试验结果

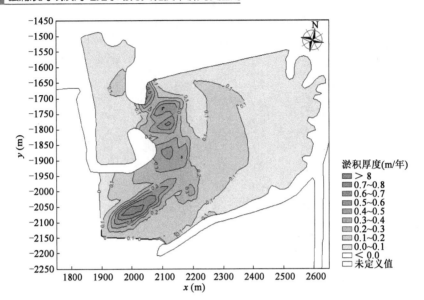

图 3-38　方案 3 取水明渠和港池航道淤积分布试验结果

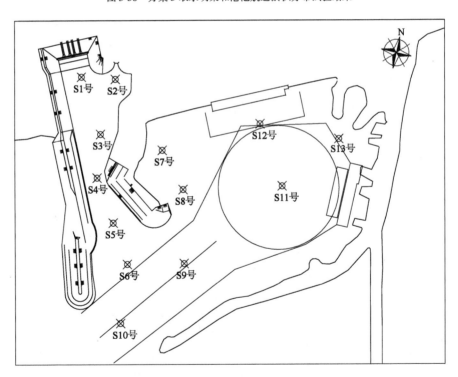

图 3-39　方案 1 年淤积强度测点位置

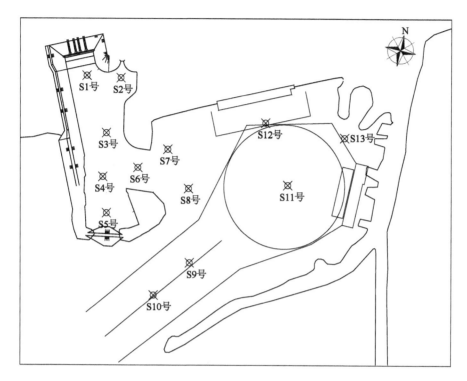

图 3-40　方案 2 和方案 3 年淤积强度测点位置

各方案年淤积强度模拟结果统计见表 3-15。现状各方案泥沙淤积量结果汇总于表 3-16。其中电站工程现状的泥沙淤积量为一期工程泥沙冲淤物理模型模拟分析结果。该结果与 S2P 电站 2007—2009 年年均疏浚量吻合较好。需要说明的是，该现状结果中取水明渠淤积量和港池淤积量的统计范围与本次试验的统计范围有所不同，明渠淤积量包含了部分口门航道区域，因此明渠和港池的淤积量与本次试验结果有所差别，但总淤积量统计范围与本次试验基本一致。

各方案测点年淤积强度模拟结果（m/年）　　　　表 3-15

测　点	位　置	方案 1	方案 2	方案 3
S1	三期工程取水口	0.06	0.11	0.07
S2	一期工程取水口	0.07	0.09	0.06
S3	明渠近取水口	0.21	0.17	0.11
S4	明渠缩窄处/近明渠口	0.08	0.13	0.08

续上表

测 点	位 置	方案1	方案2	方案3
S5	明渠近明渠口/明渠内	0.43	0.08	0.06
S6	明渠口	0.70	0.13	0.08
S7	港内近东堤堤根	0.08	0.69	0.42
S8	港内近东堤堤头	0.16	0.61	0.38
S9	航道近口门	0.72	0.56	0.35
S10	口门	0.32	1.09	0.67
S11	掉头圆	0.17	0.19	0.14
S12	码头前	0.15	0.18	0.13
S13	二期工程取水口	0.04	0.05	0.04

现状各方案泥沙淤积量结果(万 m³)　　　　　表 3-16

方　案	取水明渠	港池航道	总　　计
现状	15.90(累积平均值)	20.10	36.00
方案1	1.26	5.47	6.73
方案2	0.94	8.19	9.13
方案3	0.55	5.32	5.87

从现状和三期工程各方案淤积量试验结果比较来看,在三期工程防浪堤建成后,三期工程电站各方案取水明渠和港内总淤积量均较现状明显减少;现状取水明渠年淤积量为15.90万 m³,港池航道年淤积量为20.10万 m³;由于方案1明渠从南侧进水,在三期工程防浪堤按延长300m建成后,其明渠内淤积量仍大于其他方案,明渠内年淤积量为1.26万 m³,港池航道年淤积量为5.47万 m³;方案2明渠从东侧进水,三期工程防浪堤不需要延长,明渠内淤积量为0.94万 m³,小于方案1,港池航道年淤积量为8.19万 m³;方案3在方案2基础上三期工程防浪堤延长300m,明渠和港池航道的淤积量均小于方案2,明渠内年淤积量为0.55万 m³,港池航道年淤积量为5.32万 m³。

各方案各区域最大淤积厚度和平均淤积厚度试验结果见表3-17。最大淤积厚度位置为试验得到的明渠或港池航道区域内年淤积强度最大的位置。平均淤积厚度由区域年淤积量和区域面积计算得到。取水明渠内方案1的最大淤积发生在西堤延长段根部明渠侧,方案2和方案3均发生在新明渠入口北侧堤头港侧附近,各方案港池航道最大淤积位置均在口门段航道附近。根据各方案的年淤积量试验结果,对三期工程取水明渠和港池航道的清淤周期建议见表3-18。清淤区域示意图见图3-41和图3-42。综合明渠的年均淤积状况、骤淤情况、清淤频率、明渠水位降、取水水位要求、合理的清淤频率等因素,建议一、三期工程取水明渠内最大允许淤积厚度为1.5m,对应的三个方案的清淤周期分别为15个月、21个月和34个月;考虑一期航道及港池备淤深度为0.4m,三个方案的清淤周期分别为4个月、3个月和5个月。考虑合理的清淤频率,建议一期航道及港池备淤深度增加为1m,三个方案的清淤周期分别为11个月、8个月和13个月。

各方案各区域最大淤积厚度和平均淤积厚度试验结果(m)　　　表3-17

方案	取水明渠			港池航道		
	平均淤积厚度	最大淤积厚度	最大淤积位置	平均淤积厚度	最大淤积厚度	最大淤积位置
方案1	0.21	1.19	西堤延长段根部明渠侧	0.20	1.13	口门段航道附近
方案2	0.14	0.83	新明渠入口北侧堤头港侧附近	0.30	1.48	
方案3	0.08	0.52		0.19	0.93	

清淤建议　　　表3-18

方案			方案1	方案2	方案3
取水明渠	清淤周期	月	15	21	34
	每次清淤量	万 m³	1.58	1.34	1.3
	重点清淤部位		西堤延长段根部明渠侧	新明渠入口北侧堤头港侧附近	
港池航道 备淤深度 0.4m	清淤周期	月	4	3	5
	每次清淤量	万 m³	1.94	2.33	2.34
	重点清淤部位		口门段航道附近		
港池航道 备淤深度 1m	清淤周期	月	11	8	13
	每次清淤量	万 m³	4.84	5.84	5.84

50年一遇波浪作用下的骤淤采用50年一遇南(S)向波浪要素,作用时间为48h。50年一遇最大淤积厚度和位置见表3-19。最大淤积位置与常年淤积情况基本一致。

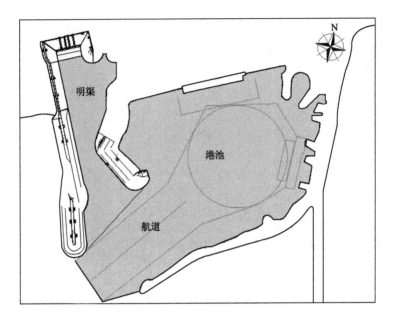

图 3-41 方案 1 清淤区域示意图

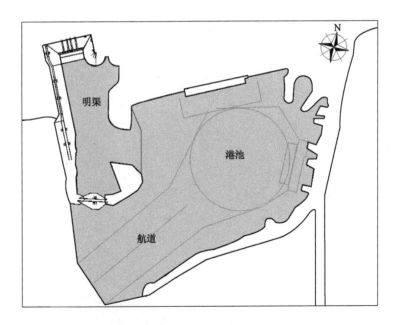

图 3-42 方案 2 和方案 3 清淤区域示意图

50 年一遇最大淤积厚度(m)和位置　　　　表 3-19

方案	取水明渠		港池航道	
	50 年一遇最大淤积厚度	最大淤积位置	50 年一遇最大淤积厚度	最大淤积位置
方案 1	0.09	西堤延长段根部明渠侧	0.09	口门段航道附近
方案 2	0.07	新明渠入口北侧	0.12	
方案 3	0.04	堤头港侧附近	0.07	

第4章 强涌浪海域滨海电站热扩散模拟研究与示范应用

4.1 热扩散数值模拟技术

4.1.1 二维温排水数值模拟技术

4.1.1.1 二维水流方程

二维水流方程见3.1.1节。

4.1.1.2 二维温度对流扩散方程

通过对三维温盐方程按水深方向积分,得到水深平均的平面二维温盐输运控制方程如下:

$$\frac{\partial(h\overline{T})}{\partial t} + \frac{\partial(h\overline{u}\,\overline{T})}{\partial x} + \frac{\partial(h\overline{v}\,\overline{T})}{\partial y} = h\,F_T + h\hat{H} + h\,T_S S \tag{4-1}$$

$$\frac{\partial(h\overline{S})}{\partial t} + \frac{\partial(h\overline{u}\,\overline{S})}{\partial x} + \frac{\partial(h\overline{v}\,\overline{S})}{\partial y} = h\,F_S + h\,S_S S \tag{4-2}$$

式中:$\overline{T}$、$\overline{S}$——垂向平均温度和垂向平均盐度;

$\hat{H}$——与大气的热交换项;

F_T、F_S——水平扩散项;

T_S、S_S——海水温度和盐度源汇项。

水面与大气的热交换基于潜热、感热,净短波辐射和净长波辐射4个物理过程计算获得。

$$\hat{H} = \frac{q_v + q_c + q_{sr,net} + q_{lr,net}}{\rho_0 c_p} \tag{4-3}$$

Dalton定律应用于蒸发损失的关系为:

$$q_v = LC_e(a_1 + b_1 W_{2m})(Q_{water} - Q_{air}) \tag{4-4}$$

式中:L——蒸发产生的潜热交换;

C_e——潮湿系数;

W_{2m}——海面2m以上风速;

Q_{water}——水面附近的蒸发密度；

Q_{air}——大气水蒸发密度；

a_1和b_1——常数。

感热q_c通常由水面和大气之间的边界层类型决定。

$$q_c = \rho_{air} c_{air} c_{heating} W_{10} (T_{air} - T_{water}), T_{air} \geq T \tag{4-5}$$

$$q_c = \rho_{air} c_{air} c_{cooling} W_{10} (T_{air} - T_{water}), T_{air} < T \tag{4-6}$$

式中：ρ_{air}——空气密度；

c_{air}——空气比热；

$c_{heating}$、$c_{cooling}$——增温和降温的感热转换系数；

W_{10}——海面10m以上风速；

T_{water}——海面海水温度；

T_{air}——空气温度。

短波辐射随着入射光线到达地球表面，最高强度在太阳升高到最高点，最低强度在日落和日出时。外星的一日辐射H_0可用下式计算得到：

$$H_0 = \frac{24}{\pi} q_{sc} E_0 \cos(\varphi) \cos(\delta) [\sin(\omega_{sr}) - \omega_{sr} \cos(\omega_{sr})] \tag{4-7}$$

式中：q_{sc}——日照常数；

E_0——极地轨道的电磁波；

ω_{sr}——日升角度；

δ——季节性辐射的偏差角度；

φ——研究区域的纬度。

净长波辐射$q_{lr,net}$可用下式计算得到：

$$q_{lr,net} = -\sigma_{sb} (T_{air} + T_K)^4 \left(a + b \sqrt{e_d} \right) \left(c + d \frac{n}{n_d} \right) \tag{4-8}$$

式中：e_d——蒸汽压；

T_{air}——大气温度；

n——晴朗小时数；

n_d——日照小时数；

a、b、c、d——不同系数。

4.1.2 三维温排水数值模拟技术

二维温排水数学模型适在方案比选阶段提供不同方案条件下温排水扩散范围和取水口温升的相对值；而三维温排水数学模型则可以提供取水口附近分层的

温升和分层的温排水扩散包络线等情况,能为电厂设计提供相对更为详细和准确的数据。故在方案确定后,采用三维温排水数学模型模拟计算取水口附近的分层温升。

MIKE3 是由丹麦水工所(DHI)开发的用于三维自由表面流的专业工程软件包,用于河流、湖泊、河口、海湾、海岸地区、海域及其他水体的水力学、水质和泥沙传输等模拟。它在对三维非恒定流进行模拟的同时,还对密度变化、水下地形、潮汐变化以及气象等条件进行了充分的考虑。MIKE3 模型的数学基础是雷诺时均化的 N-S 方程,它包括了紊流影响以及密度变化,同时包含了盐度及温度平衡方程。

4.1.2.1 三维水流方程

连续性方程:

$$\frac{\partial u}{\partial x} + \frac{\partial v}{\partial y} + \frac{\partial w}{\partial z} = S \tag{4-9}$$

动量方程:

$$\frac{\partial u}{\partial t} + \frac{\partial u^2}{\partial x} + \frac{\partial vu}{\partial y} + \frac{\partial wu}{\partial z} = fv - g\frac{\partial \eta}{\partial x} - \frac{1}{\rho_0}\frac{\partial p_a}{\partial x} - \frac{g}{\rho_0}\int_z^\eta \frac{\partial \rho}{\partial x}dz -$$

$$\frac{1}{\rho_0 h}\left(\frac{\partial s_{xx}}{\partial x} + \frac{\partial s_{xy}}{\partial y}\right) + F_u + \frac{\partial}{\partial z}\left(\nu_t \frac{\partial u}{\partial z}\right) + u_s S \tag{4-10}$$

$$\frac{\partial v}{\partial t} + \frac{\partial v^2}{\partial y} + \frac{\partial uv}{\partial x} + \frac{\partial wv}{\partial z} = -fu - g\frac{\partial \eta}{\partial y} - \frac{1}{\rho_0}\frac{\partial p_a}{\partial y} - \frac{g}{\rho_0}\int_z^\eta \frac{\partial \rho}{\partial y}dz -$$

$$\frac{1}{\rho_0 h}\left(\frac{\partial s_{yx}}{\partial x} + \frac{\partial s_{yy}}{\partial y}\right) + F_v + \frac{\partial}{\partial z}\left(\nu_t \frac{\partial v}{\partial z}\right) + v_s S \tag{4-11}$$

式中: t——时间;

x,y,z——笛卡尔坐标;

η——水位;

d——静水深;

$h = d + \eta$——总水深;

$u、v、w$——$x、y、z$ 向的水流流速;

$f = 2\Omega\sin\varphi$——科氏力系数;

g——重力加速度;

ρ——水体密度;

$s_{xx}、s_{xy}、s_{yy}$——辐射应力分量;

ν_t——垂向涡黏系数;

p_a——大气压;

ρ_0——水体参考密度;

S——点源流量；

u_s、v_s——点源速度。

水平涡动扩散项F_u、F_v表示为：

$$F_u = \frac{\partial}{\partial x}\left(2A\frac{\partial u}{\partial x}\right) + \frac{\partial}{\partial y}\left[A\left(\frac{\partial u}{\partial y} + \frac{\partial v}{\partial x}\right)\right] \tag{4-12}$$

$$F_v = \frac{\partial}{\partial x}\left[A\left(\frac{\partial u}{\partial y} + \frac{\partial v}{\partial x}\right)\right] + \frac{\partial}{\partial y}\left(2A\frac{\partial v}{\partial x}\right) \tag{4-13}$$

式中：A——水平涡黏系数。

u、v 和 w 表面和底部边界条件为：

当 $z = \eta$，则

$$\frac{\partial \eta}{\partial t} + u\frac{\partial \eta}{\partial x} + v\frac{\partial \eta}{\partial y} - w = 0, \quad \left(\frac{\partial \eta}{\partial z}, \frac{\partial v}{\partial z}\right) = \frac{1}{\rho_0 \nu_t}(\tau_{sx}, \tau_{sy}) \tag{4-14}$$

当 $z = -d$，则

$$u\frac{\partial d}{\partial x} + v\frac{\partial d}{\partial y} + w = 0, \quad \left(\frac{\partial \eta}{\partial z}, \frac{\partial v}{\partial z}\right) = \frac{1}{\rho_0 \nu_t}(\tau_{bx}, \tau_{by}) \tag{4-15}$$

式中：(τ_{sx}, τ_{sy})、(τ_{bx}, τ_{by})——水面和底床的切应力在 x、y 方向上的分量。

从动量和连续性方程中已知速度场后，可从表面的运动学边界条件获得总水深 h。

$$\frac{\partial h}{\partial t} + \frac{\partial h\bar{u}}{\partial x} + \frac{\partial h\bar{v}}{\partial y} = hS + \hat{P} - \hat{E} \tag{4-16}$$

式中：$\hat{P}$、$\hat{E}$——降水和蒸发速率；

$\bar{u}$、$\bar{v}$——x、y 方向上的速度分量的均值。

4.1.2.2 三维温盐对流扩散方程

三维温度 T 和盐度 s 的对流扩散方程，如下所示：

$$\frac{\partial T}{\partial t} + \frac{\partial uT}{\partial x} + \frac{\partial vT}{\partial y} + \frac{\partial wT}{\partial z} = F_T + \frac{\partial}{\partial z}\left(D_v\frac{\partial T}{\partial z}\right) + \hat{H} + T_s S \tag{4-17}$$

$$\frac{\partial s}{\partial t} + \frac{\partial us}{\partial x} + \frac{\partial vs}{\partial y} + \frac{\partial ws}{\partial z} = F_s + \frac{\partial}{\partial z}\left(D_v\frac{\partial s}{\partial z}\right) + s_s S \tag{4-18}$$

式中：D_v——垂向湍流扩散系数，$D_v = \nu_t/\sigma_T$；

σ_T——普朗特常数；

$\hat{H}$——水体与大气的热交换项；

T_s、s_s——温度和盐度源项；

水平热扩散项表示为：

$$(F_T, F_s) = \left[\frac{\partial}{\partial x}\left(D_h\frac{\partial}{\partial x}\right) + \frac{\partial}{\partial y}\left(D_h\frac{\partial}{\partial y}\right)\right](T, s) \tag{4-19}$$

式中：D_h——水平湍流扩散系数；$D_h = A/\sigma_T$。在温排水数值计算中，影响温度扩散的因素主要是扩散系数和水面综合散热系数。

表面和底部温度边界条件为：

当 $z = \eta$，有

$$D_h \frac{\partial T}{\partial z} = \frac{Q_n}{\rho_0 c_p} + T_p \hat{P} - T_e \hat{E} \tag{4-20}$$

当 $z = -d$，有

$$\frac{\partial T}{\partial z} = 0 \tag{4-21}$$

式中：Q_n——表面净热通量；

c_p——水的比热，$c_p = 4217 \text{J}/(\text{kg} \cdot {}^\circ\text{K})$。

表面和底部盐度边界条件为：

当 $z = \eta$，有

$$\frac{\partial s}{\partial z} = 0 \tag{4-22}$$

当 $z = -d$，有

$$\frac{\partial s}{\partial z} = 0 \tag{4-23}$$

当考虑与大气的热交换时，蒸发定义如下：

$$\hat{E} = \begin{cases} \dfrac{q_v}{\rho_0 l_v} & q_v > 0 \\ 0 & q_v \leq 0 \end{cases} \tag{4-24}$$

式中：q_v——潜热通量；

l_v——水的汽化潜热，$l_v = 2.5 \times 10^6$。

4.1.2.3 计算参数

采用标准 $k\text{-}\varepsilon$ 模型求解垂向涡黏系数，采用 Smagorinsky 方程求解水平涡黏系数。

在 $k\text{-}\varepsilon$ 模型中，涡流黏度由湍流参数 k 和 ε 导出，

$$\nu_t = c_\mu \frac{k^2}{\varepsilon} \tag{4-25}$$

标准 $k\text{-}\varepsilon$ 模型：

$$\frac{\partial k}{\partial t} + \frac{\partial uk}{\partial x} + \frac{\partial vk}{\partial y} + \frac{\partial wk}{\partial z} = F_k + \frac{\partial}{\partial z}\left(\frac{\nu_t}{\sigma_k}\frac{\partial k}{\partial z}\right) + P + B - \varepsilon \tag{4-26}$$

$$\frac{\partial \varepsilon}{\partial t} + \frac{\partial u\varepsilon}{\partial x} + \frac{\partial v\varepsilon}{\partial y} + \frac{\partial w\varepsilon}{\partial z} = F_\varepsilon + \frac{\partial}{\partial z}\left(\frac{\nu_t}{\sigma_\varepsilon}\frac{\partial \varepsilon}{\partial z}\right) + \frac{\varepsilon}{k}(c_{1\varepsilon}P + c_{3\varepsilon}B - c_{2\varepsilon}\varepsilon) \tag{4-27}$$

$$P = \nu_t \{ (\partial u / \partial z)^2 + (\partial v / \partial z)^2 \} \tag{4-28}$$

$$B = \frac{g}{\rho} \frac{\nu_t}{\sigma_T} \frac{\partial \rho}{\partial z} \tag{4-29}$$

$$(F_k, F_\varepsilon) = \left[\frac{\partial}{\partial x} \left(D_h \frac{\partial}{\partial x} \right) + \frac{\partial}{\partial y} \left(D_h \frac{\partial}{\partial y} \right) \right] (k, \varepsilon) \tag{4-30}$$

2-D Smagorinsky 模型:

$$A = c_s^2 l^2 \sqrt{S_{ij} S_{ij}} \tag{4-31}$$

$$S_{ij} = \frac{1}{2} \left(\frac{\partial u_i}{\partial x_j} + \frac{\partial u_j}{\partial x_i} \right) (i, j = 1, 2) \tag{4-32}$$

上式中:

k——紊动动能;

ε——紊动动能的耗散率;

ν_t——涡黏系数;

P——由于流速剪力产生的项;

B——浮力产生的项;

u、v——水平方向上的流速;

g——重力加速度;

ρ——水的密度;

σ_T——普朗特数;

c_μ、σ_k、σ_ε、$c_{1\varepsilon}$、$c_{2\varepsilon}$、$c_{3\varepsilon}$——特征参数,具体数值见表 4-1;

c_s——表示 Smagorinsky 公式是子网格尺度上的紊动闭合模型的常数;

$l = \sqrt{(2\Delta x)^2 + (2\Delta y)^2 + (2\Delta z)^2}$;

u_i、u_j——x_i、x_j 方向的速度分量。

特征参数取值　　　　　　　　表 4-1

c_μ	$c_{1\varepsilon}$	$c_{2\varepsilon}$	$c_{3\varepsilon}$	σ_k	σ_ε	σ_t
0.09	1.44	1.92	0	1.0	1.3	0.9

4.2　背景场条件研究与分析

4.2.1　潮位

水文资料是 2010 年 4 月在工程附近海域的实测潮位、潮流和水温资料。两个潮位测站分别位于 S2P 电站测站(T1)和 Cilacap 渔港测站(T2),见图 4-1,两测站水位(连续 30d)随时间的变化过程见图 4-2 及图 4-3。

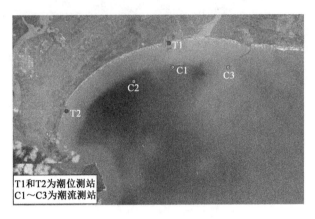

图 4-1 潮位和潮流测点位置图

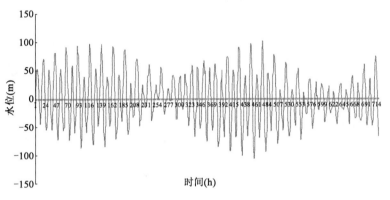

图 4-2 S2P 电站测站（T1）潮位过程

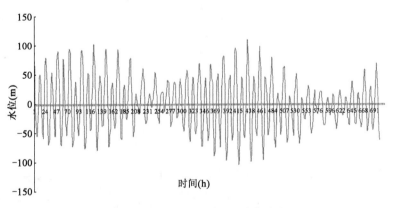

图 4-3 Cilacap 渔港测站（T2）潮位过程

两个测站连续观测了1个月(2010年4月—2010年5月)。依据实测潮汐资料,用最小二乘法推算出工程区域当地的潮汐分潮如表4-2所示,计算 Formzal 数,其中,$F<0.25$ 为半日潮;$0.25<F<1.50$ 为混合潮(半日潮为主);$1.50<F<3.00$ 混合潮(全日潮为主);$F>3.00$ 全日潮。计算可得 $F=\dfrac{K_1+O_1}{M_2+S_2}=\dfrac{20.34+12.69}{46.56+42.26}=0.37$,则工程区域的潮型为以半日潮为主的混合潮,即每天有两个高潮位和两个低潮位,潮高和潮时存在明显的日潮不等现象。

潮汐分潮　　　　　　　　　　　　　表4-2

分潮	M_2	S_2	N_2	K_2	K_1	O_1	M_4	MS_4	S_0
振幅(cm)	46.56	42.26	6.22	2.46	20.34	12.69	0.92	0.74	0.0
相位(°)	85.29	-85.49	92.67	257.21	167.91	215.03	1.87	215.58	

4.2.2 潮流

共布置了3个潮流测点进行大、中、小全潮水文观测见图4-1,测点坐标见表4-3。测量时间分别于4月17日~4月18日(大潮)、4月13日~4月14日(中潮)和4月24日~4月25日(小潮)进行全潮水文观测。各测站实测垂线平均流速统计见表4-4,涨落潮平均流速统计见表4-5。各测点垂线平均流速表现为大潮最大,中潮次之,小潮最小。其中,垂线平均最大流速出现在大潮期间的C2测点,为47.39cm/s。各测点流矢图见图4-4~图4-6,大潮流速流向见图4-7。

潮流流速测点坐标　　　　　　　　　表4-3

测点	坐标		水深(m)
	经度	纬度	
C1	109°5′21.82″E	7°41′56.03″S	10
C2	109°3′39.62″E	7°42′35.01″S	10
C3	109°7′28.20″E	7°42′3.98″S	15

各测站垂线平均流速统计　　　　　　表4-4

测点	大潮(cm/s)		中潮(cm/s)		小潮(cm/s)	
	最大值	平均值	最大值	平均值	最大值	平均值
C1	44.11	22.59	36.90	19.94	34.64	15.20
C2	47.39	24.16	43.88	21.10	37.02	20.04
C3	42.60	21.42	45.18	21.94	36.69	19.89

涨落潮平均流速统计   表 4-5

测点	大潮 (cm/s)		中潮 (cm/s)		小潮 (cm/s)	
	涨潮	落潮	涨潮	落潮	涨潮	落潮
C1	22.65	22.53	16.00	23.09	13.34	16.93
C2	23.41	25.56	17.34	24.12	20.34	19.76
C3	26.06	18.13	25.31	19.24	19.62	20.15

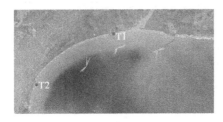

图 4-4　大潮流矢图　　　　　图 4-5　中潮流矢图

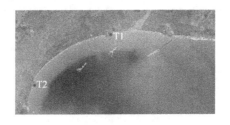

图 4-6　小潮流矢图

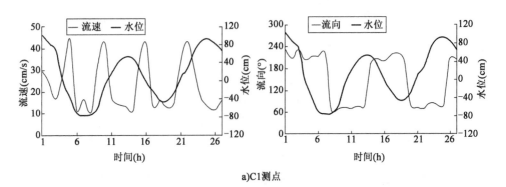

a) C1 测点

图 4-7

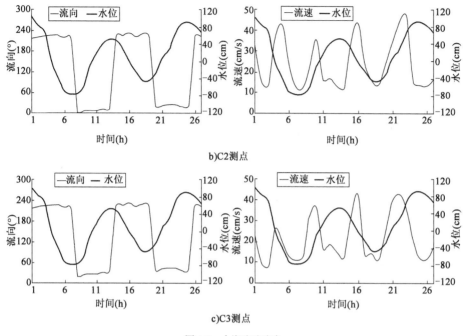

b)C2测点

c)C3测点

图 4-7　大潮流速流向

4.2.3　水温

S2P 电厂一期运行时,在工程海域分别测量了防波堤外侧和取水口附近的 3 个水温测量点的水温。测量的时间为 2010 年 4 月 17 日 9:00—23:00、4 月 18 日 9:00—23:00 和 4 月 19 日 9:00—23:00。3 个测点位置见图 4-8,其中,P1 位于排水口附近,P2 位于防波堤外侧,P3 位于取水口附近。排水口最高温度为 42.13℃,出现于 4 月 17 日 11:00。水温变化曲线如图 4-9 所示。

图 4-8　水温测点位置图

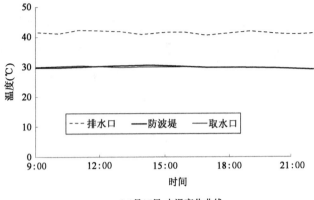

a) 4月17日 水温变化曲线

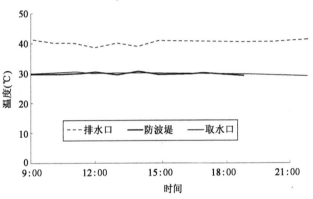

b) 4月18日 水温变化曲线

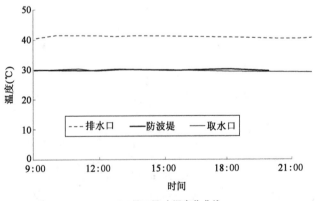

c) 4月19日 水温变化曲线

图4-9　4月17—4月19日9:00—23:00水温变化曲线示意

4.3 示范工程2热扩散模拟研究

针对工程所在海域的特点,结合4.1.2节三维温排水数值模拟技术建立了三维水动力温排水数学模型,考虑电厂温排水在潮流动力作用下的运移扩散。三维温排水数学模型可以提供取水口附近分层的温升和分层的温排水扩散包络线等,主要模拟计算方案确定后的温排水扩散和取水口分层温升,为电厂设计提供相对更为详细和准确的数据。

4.3.1 研究方案

本次试验研究考虑一期和二期均已建设完成的情况。工程区域岸滩演变较快,现状情况下的沙坝地形与模型验证采用的2010年沙坝地形不同,所以在进行温排水方案计算时采用2014年现状条件下的沙坝地形,工程平面布置见图4-10。

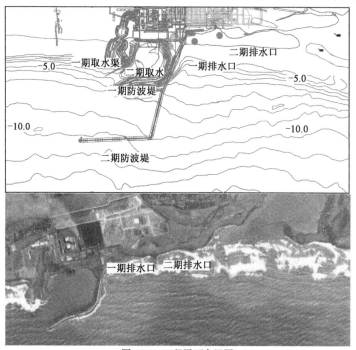

图4-10 工程平面布置图

4.3.2 模型建立

模型计算采用局部加密的非结构化三角形计算网格,二维数学模型和三维数学模型的网格图分别见图4-11～图4-13。

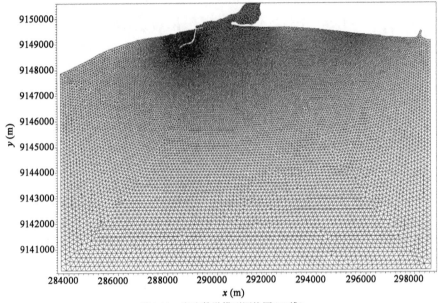

图 4-11　潮流数学模型网格图(二维)

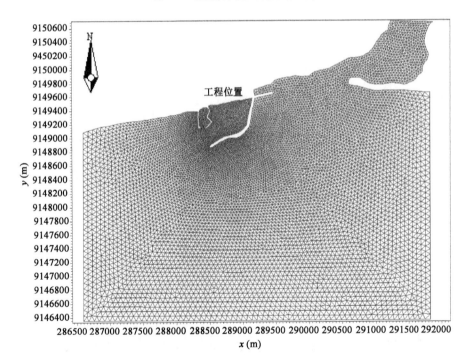

图 4-12　潮流数学模型网格平面图(三维)

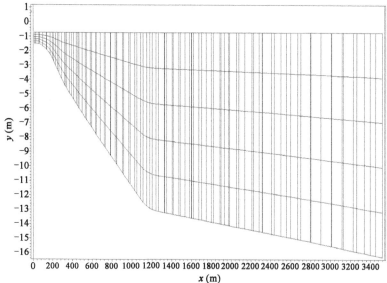

图 4-13 潮流数学模型网格立面图(三维)

4.3.3 水动力模型验证

4.3.3.1 二维水动力模型验证

二维水动力模型验证的基础是 2010 年 4 月实测的潮位和流速流向资料。其中潮位过程验证了 2010 年 4 月 13 日—4 月 25 日 T1 和 T2 两个潮位测站的潮位过程,验证结果见图 4-14、图 4-15。潮流的流速和流向分别验证了 C1~C3 潮位站大潮的潮流流速和流向,验证结果见图 4-16。从验证结果来看,潮位验证结果良好,没有相位差;除个别点外,绝大部分测点流速、流向验证情况良好,模型能够复演和计算二期工程建设前后的潮流动力条件。验证后的涨急、落急流场见图 4-17、图 4-18。

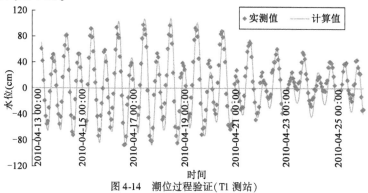

图 4-14 潮位过程验证(T1 测站)

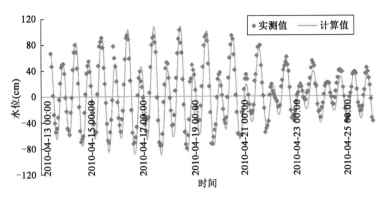

图 4-15　潮位过程验证（T2 测站）

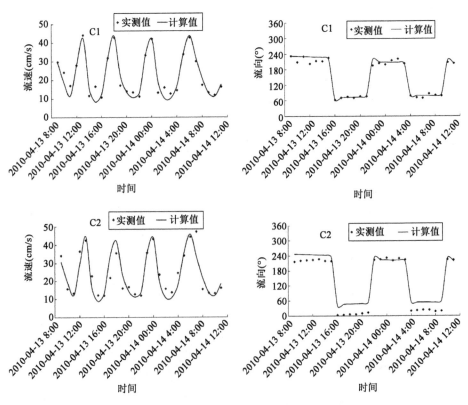

图 4-16

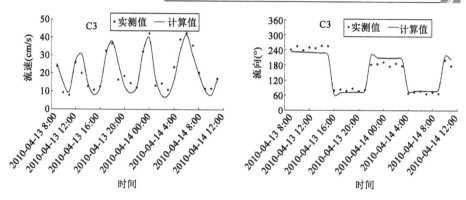

图 4-16　C1~C3 潮位站流速流向验证(大潮)

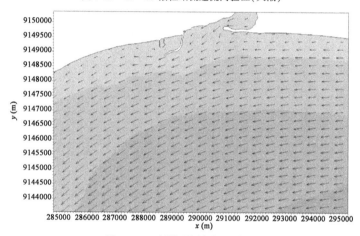

图 4-17　工程附近海域涨急流场图

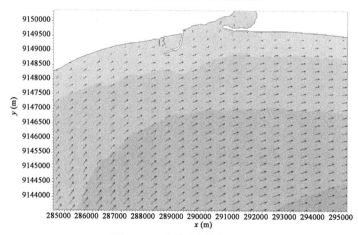

图 4-18　工程附近海域落急流场图

4.3.3.2 三维水动力模型验证

三维水动力模型验证采用的验证资料与二维验证的资料相同为 2010 年 4 月实测的潮位和流速流向资料。三维水动力模型中潮位边界由二维潮流数学模型提供，所以其潮位验证与二维水动力模型相同，同时需要验证的是分层流速和流向，大潮验证结果见图 4-19 ~ 图 4-21。从验证结果来看，除个别点外，绝大部分测点的分层流速、流向验证情况良好，三维水动力数学模型能够模拟和计算二期工程建设前、后的潮流动力条件。

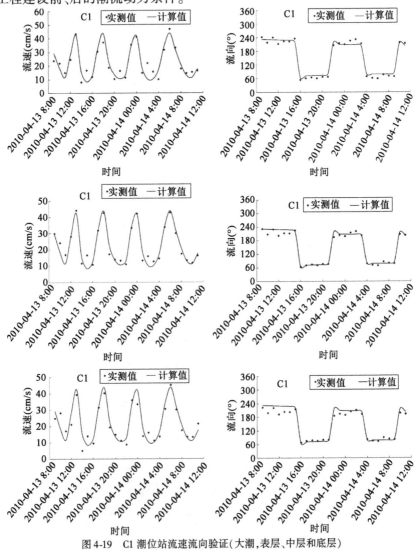

图 4-19　C1 潮位站流速流向验证（大潮，表层、中层和底层）

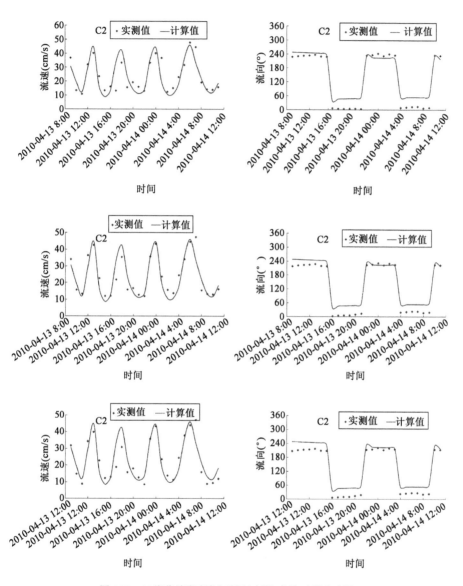

图 4-20 C2 潮位站流速流向验证（大潮，表层、中层和底层）

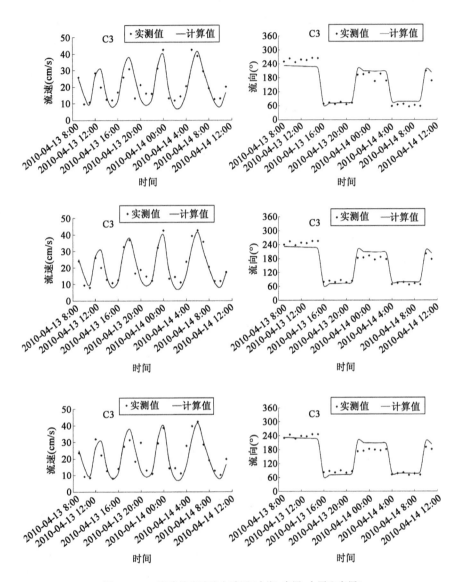

图 4-21 C3 潮位站流速流向验证(大潮,表层、中层和底层)

4.3.4 温排水模型验证

4.3.4.1 二维温排水数学模型验证

以 2010 年 4 月 17 日—4 月 19 日测量的工程区域水温作为验证资料,验证二维潮流温排水数学模型采用的热扩散相关系数的取值,验证结果见图 4-22 和图 4-23。从验证结果来看,模型计算的防波堤外侧和取水口附近的水温变化过程与实测资料吻合良好,证明该模型能够模拟二期工程建设后温排水的扩散过程及取水口温升。

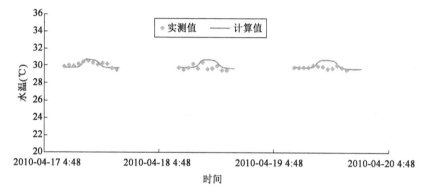

图 4-22 温度过程验证结果(防波堤外侧)

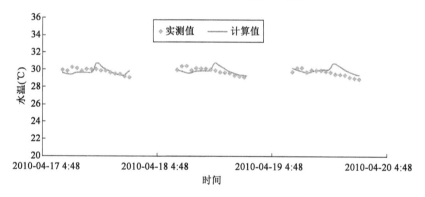

图 4-23 温度过程验证结果(取水口附近)

4.3.4.2 三维温排水数学模型验证

三维温排水数学模型的验证资料与二维数学模型的验证资料一致。三维温排水数学模型需要验证分层的水温,验证结果见图 4-24 和图 4-25。从验证结果看,三维潮流温排水数学模型计算的防波堤外侧和取水口附近的水温变化过程与实测资料吻合良好,证明该三维温排水数学模型能够模拟二期工程建设后温排水的扩散过程及取水口分层温升。

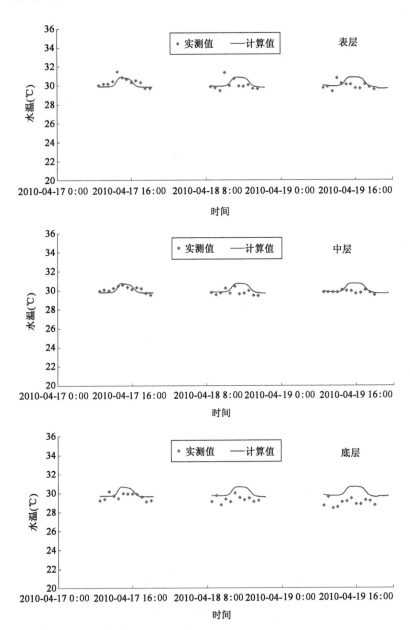

图4-24 温度过程验证结果(防波堤外侧,表层、中层和底层)

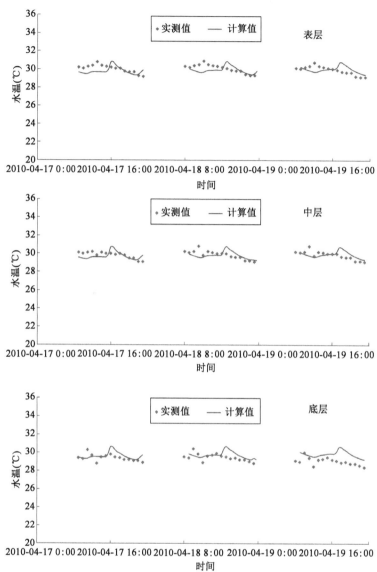

图4-25 温度过程验证结果(取水口附近,表层、中层和底层)

4.3.5 二期温排水三维数值模拟分析

三维温排水数学模型的计算工况组合见表4-6,共有6种工况组合。不同工况组合时二期取水口分层温升结果见表4-7,温升包络面积见表4-8。分层的温升包络线见图4-26和图4-27。

三维温排水数学模型计算工况　　　　　　　　　　　　　表 4-6

工况	一期排水量 (m³/s)	一期排水温升 (℃)	二期排水量 (m³/s)	二期排水温升 (℃)
1	25.0	8.0	34.6	8.0
2	15.1	13.3	17.4	13.0
3	15.0	8.0	34.6	8.0
4	9.1	13.3	17.4	13.0
5	—	—	34.6	8.0
6	—	—	17.4	13.0

各计算工况二期取水口温升计算结果　　　　　　　　　　表 4-7

工况	表层温升(℃)		底层温升(℃)	
	最大值	平均值	最大值	平均值
1	0.94	0.46	0.75	0.36
2	0.63	0.33	0.53	0.25
3	0.71	0.38	0.62	0.31
4	0.44	0.26	0.37	0.20
5	0.45	0.27	0.38	0.22
6	0.37	0.20	0.30	0.15

各计算工况表层和底层最大温升包络面积计算结果　　　　表 4-8

工况	最大温升包络线面积(km²)									
	0.2℃		0.5℃		1.0℃		2.0℃		3.0℃	
	表层	底层	表层	底层	表层	底层	表层	底层	表层	底层
1	27.22	16.83	21.11	10.06	15.04	5.69	7.68	2.40	5.43	1.49
2	25.62	15.49	19.78	9.52	13.94	5.23	7.17	2.24	5.10	1.38
3	24.34	14.26	19.03	8.61	13.40	4.74	6.86	2.03	4.81	1.25
4	22.52	13.15	17.39	7.95	12.21	4.44	6.26	1.90	4.45	1.19
5	18.95	7.43	14.58	4.47	10.38	2.48	5.33	1.06	3.76	0.67
6	18.20	6.69	14.23	4.08	9.87	2.27	5.08	0.96	3.64	0.60

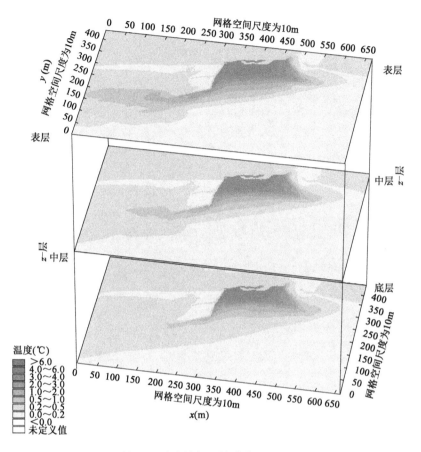

图 4-26　全潮最大温升包络线(工况 1)

从取水口附近分层温升结果来看,不同工况下的取水口温升不同,最高和平均温升均不超过 1℃。取水口附近的温升分层现象相对不是很明显,例如工况 1 条件下,取水口表层的最大和平均温升分别为 0.94℃ 和 0.46℃,底层的最大和平均温升分别为 0.75℃ 和 0.36℃,表层和底层的平均温升差别在 0.1℃ 左右,分层现象不明显。分析其原因,主要是由于取水口附近的温升本身就较小,加上取水口离岸距离很近,分层效应就不是那么明显。在排水口附近的河口区域和二期防波堤的外侧分层现象比较突出,见图 4-28 和图 4-29,从图中可以看出,在河口附近区域表层和底层的温升相差在 2℃ 左右,在防波堤外侧区域表层和底层温升相差在 1℃ 左右。由此可见,距离排水口越近的区域温升越高,分层现象越明显;反之,取水口附近的温升较小,分层现象不明显。

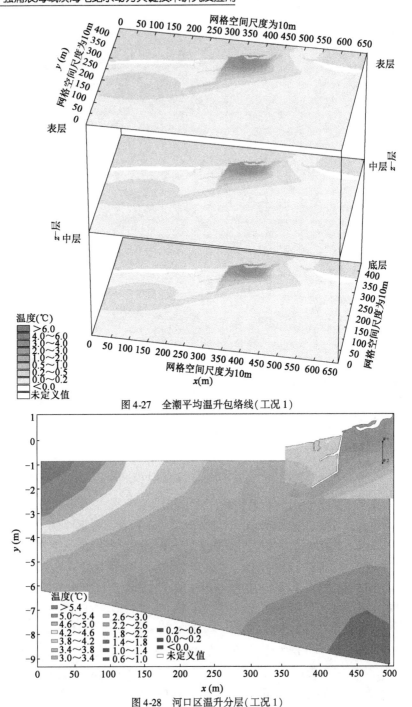

图 4-27　全潮平均温升包络线（工况 1）

图 4-28　河口区温升分层（工况 1）

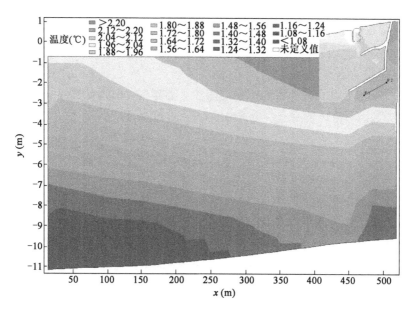

图 4-29 防波堤堤外侧温升分层（工况 1）

从三维温排水数学模型计算的温升包络面积来看,表层的最大温升包络面积大于底层的温升包络面积,例如,工况 1 条件下,表层 3℃ 最大温升包络线的面积为 5.43km², 底层的包络面积为 1.49km²。3℃ 温升范围主要集中在排水口附近,表层和底层的包络面积相差较大,由此可见,排水口附近的水温分层现象较为明显。

4.3.6 防波堤透水性分析

在数学模型中防波堤为实体堤,不透流;实际上防波堤为抛石斜坡堤,有一定的孔隙率和透水功能,也就有透热的功能。为了计算结果的准确性和工程的安全,需要分析计算防波堤透水对取水口温升的影响。Kenlegan 对粒径相近的块石进行试验发现,一般堤心块石的孔隙率为 0.38~0.4;通过数学模型研究发现,取排水口之间的防波堤两侧水位差在 0.25~0.34m。由此可以根据达西定律估算防波堤的透流能力。

$$Q = kA\frac{\Delta H}{l} \tag{4-33}$$

式中：Q——流量;

k——渗透系数;

A——过流面积；

ΔH——水头差；

l——渗流距离。

其中，堤心石一般为小块石或卵石，其渗透系数为 0.1~0.6。所以根据式(4-33)可以计算出防波堤透流对港内温升的影响。根据计算结果可知，在考虑防波堤透流后港内的水温会升高 0.2℃ 左右。

4.4 示范工程 3 热扩散模拟研究

针对工程所在海域的特点，结合 4.1.1 节二维温排水数值模拟技术，建立了二维水动力温排水数学模型，考虑电厂温排水在潮流动力作用下的运移扩散。二维潮流温排水数学模型考虑垂向平均后的温排水扩散和取水温升情况，主要对比计算不同方案时的温排水扩散和取水温升，为方案比选提供参考和依据。

4.4.1 研究方案

三期工程泥沙冲淤数值模拟分析研究方案共 3 个，分别为方案 1、方案 2 和方案 3。其中，方案 1 取水明渠部分为南侧进水设计方案。方案 1 在一期工程取水明渠的基础上进行改建。原明渠东堤堤头拆除，其余部分保留；改造原明渠西堤，将明渠西扩；西侧原堤头保留，并向海域延伸。取水明渠设计底高程为 -4.5m。方案 1 三期工程防浪堤建设长度在原设计基础上延长 300m，见图 3-32。方案 2 布置方案取水明渠由东侧进水设计方案。该方案在原取水东堤距岸约 50m 处向海侧开口，形成明渠入口，明渠底高程为 -4.5m，新明渠入口设计断面高程 -4.5m、底宽 100m，见图 3-33。方案 3 布置方案在方案 2 基础上延长三期工程防浪堤 300m。

4.4.2 模型建立

为提高计算效率，同时又保证工程海域有足够的分辨率，采用局部加密的非结构三角形网格对计算范围进行剖分。潮流计算给定潮位边界，由 MIKE Global Tide Model 推算得到。潮流数学模型范围约 72km × 32km，计算域见图 4-30。外海区域空间步长较大，最大约为 1000m；工程区域空间步长较小，约为 30m。

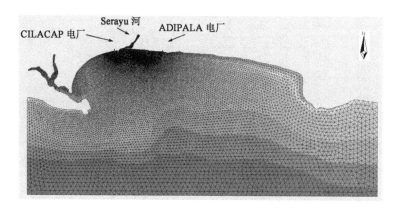

图 4-30　模型计算范围及地形

4.4.3　水动力模型验证

二维潮流模型的建立和验证的基础是 2010 年 4 月—2010 年 5 月的实测潮位和流速流向资料。潮位过程验证了 2010 年 4 月 13 日—4 月 25 日 T1 和 T2 两个潮位测站的潮位过程,验证结果见图 4-14、图 4-15。潮流的流速和流向分别验证了 C1～C3 潮位站大潮的潮流流速和流向,验证结果见图 4-16。工程前后涨急、落急流场情况,以大潮期工况 1 为例,见图 4-31～图 4-34。

4.4.4　温排水模型验证

以 2010 年 4 月 17 日—4 月 19 日测量的工程区域水温作为验证资料,验证二维潮流温排水数学模型采用热扩散相关系数的取值,验证结果见图 4-22 和图 4-23。从验证结果来看,模型计算的防波堤外侧和取水口附近的水温变化过程与实测资料吻合良好。证明该模型能够模拟二期工程建设后温排水的扩散过程及取水口温升。

4.4.5　三期温排水二维数值模拟分析

4.4.5.1　ADIPALA1×660MW、Serayu 河、方案 1

为了分析防浪堤延长 300m 即方案 1 对取水口处温升的影响,考虑 ADIPALA1×660MW 以及 Serayu 河的影响,各期取水口处温升特征值见表 4-9。各工况最大温升包络范围图、平均温升包络范围图见图 4-35～图 4-50,各期取水口处温升过程曲线见图 4-51～图 4-74。

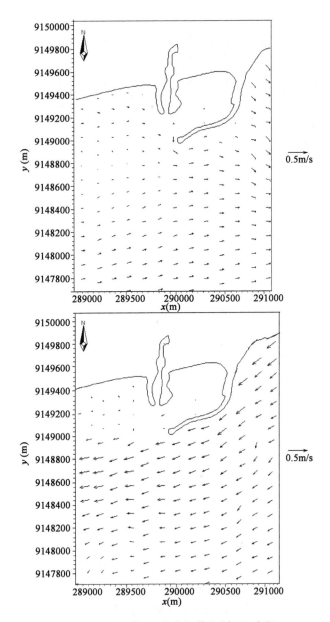

图 4-31　三期扩建工程前涨急、落急流场图（大潮）

第4章 强涌浪海域滨海电站热扩散模拟研究与示范应用

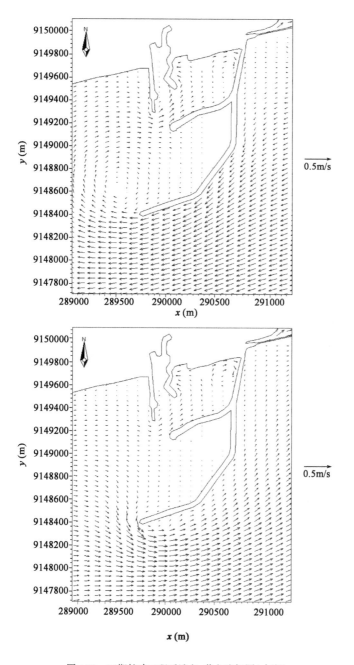

图 4-32 三期扩建工程后涨急、落急流场图(大潮)

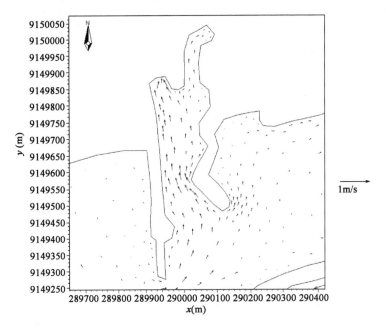

图 4-33　工况 1 取水明渠大潮涨潮流场图

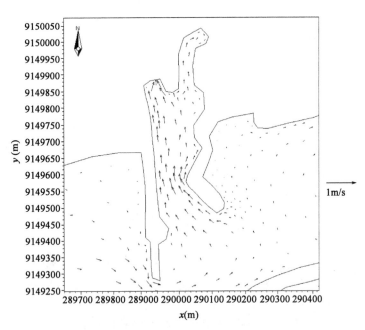

图 4-34　工况 1 取水明渠大潮落潮流场图

不同工况取水口处温升特征值 表4-9

工况	取水口（号）	温升值(℃) 最大值	温升值(℃) 平均值	工况	取水口（号）	温升值(℃) 最大值	温升值(℃) 平均值
1	1	0.76	0.4	5	1	0.8	0.42
1	2	0.7	0.4	5	2	0.73	0.41
1	3	0.76	0.4	5	3	0.8	0.42
2	1	1.04	0.53	6	1	0.55	0.32
2	2	0.94	0.53	6	2	0.59	0.33
2	3	1.04	0.53	6	3	0.63	0.34
3	1	0.76	0.41	7	1	0.35	0.2
3	2	0.7	0.4	7	2	0.33	0.2
3	3	0.77	0.41	7	3	0.4	0.22
4	1	1.12	0.58	8	1	1	0.51
4	2	1.01	0.57	8	2	0.9	0.5
4	3	1.12	0.58	8	3	1	0.51

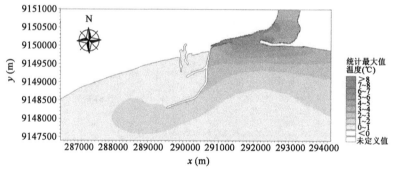

图4-35 最大温升包络范围图(工况1)

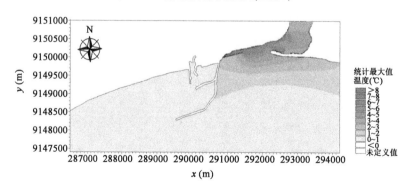

图4-36 平均温升包络范围图(工况1)

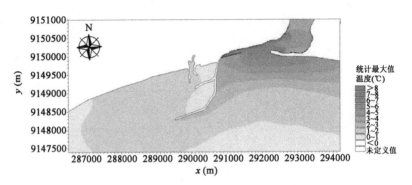

图 4-37 最大温升包络范围图(工况 2)

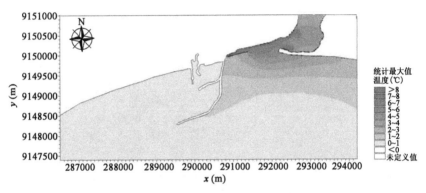

图 4-38 平均温升包络范围图(工况 2)

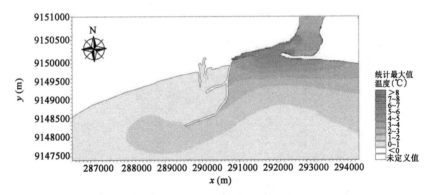

图 4-39 最大温升包络范围图(工况 3)

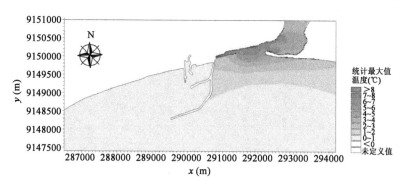

图 4-40　平均温升包络范围图（工况 3）

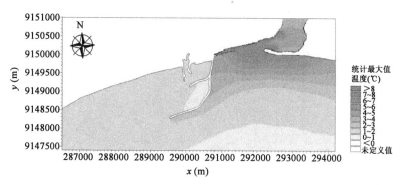

图 4-41　最大温升包络范围图（工况 4）

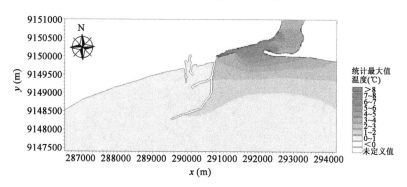

图 4-42　平均温升包络范围图（工况 4）

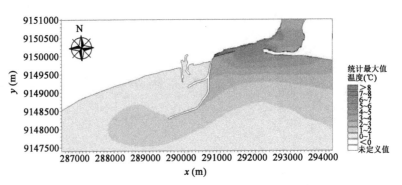

图 4-43　最大温升包络范围图（工况 5）

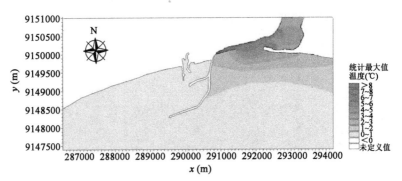

图 4-44　平均包络范围图（工况 5）

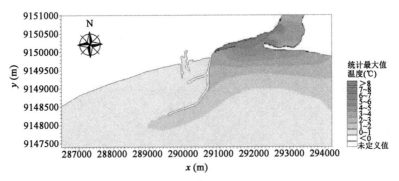

图 4-45　最大温升包络范围图（工况 6）

第4章　强涌浪海域滨海电站热扩散模拟研究与示范应用

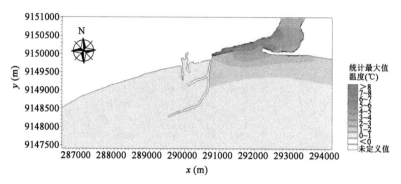

图 4-46　平均包络范围图（工况 6）

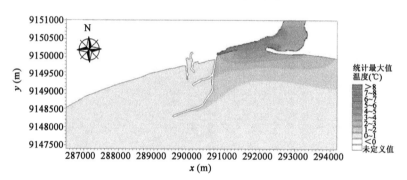

图 4-47　最大温升包络范围图（工况 7）

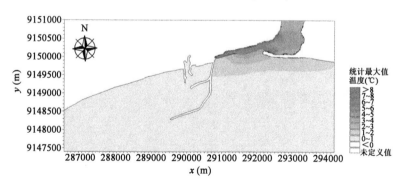

图 4-48　平均包络范围图（工况 7）

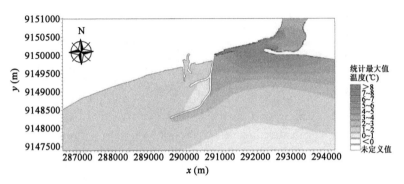

图 4-49　最大温升包络范围图（工况 8）

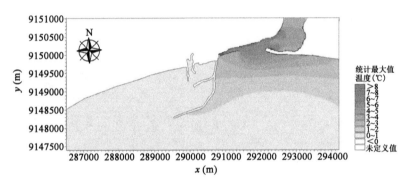

图 4-50　平均包络范围图（工况 8）

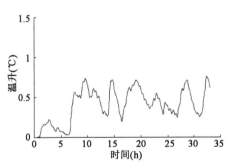

图 4-51　一期工程取水口温升过程曲线范围
（工况 1）

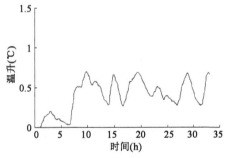

图 4-52　二期工程取水口温升过程曲线范围
（工况 1）

第4章 强涌浪海域滨海电站热扩散模拟研究与示范应用

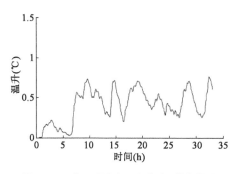

图 4-53　三期工程取水口温升过程曲线范围（工况 1）

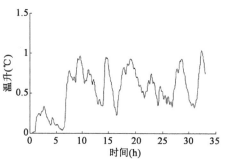

图 4-54　一期工程取水口温升过程曲线范围（工况 2）

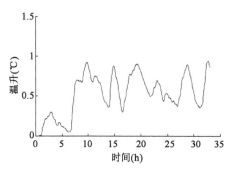

图 4-55　二期工程取水口温升过程曲线范围（工况 2）

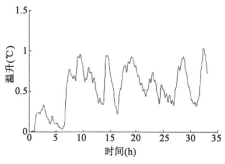

图 4-56　三期工程取水口温升过程曲线范围（工况 2）

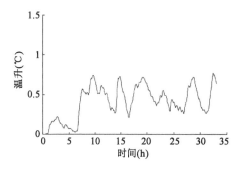

图 4-57　一期工程取水口温升过程曲线范围（工况 3）

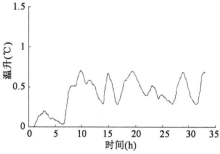

图 4-58　二期工程取水口温升过程曲线范围（工况 3）

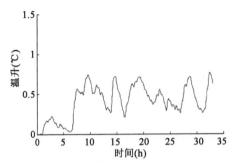

图 4-59　三期工程取水口温升过程曲线范围
（工况 3）

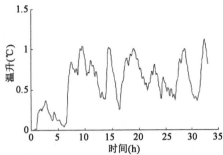

图 4-60　一期工程取水口温升过程曲线范围
（工况 4）

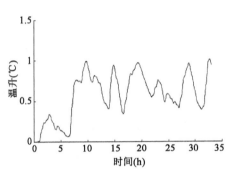

图 4-61　二期工程取水口温升过程曲线范围
（工况 4）

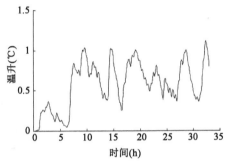

图 4-62　三期工程取水口温升过程曲线范围
（工况 4）

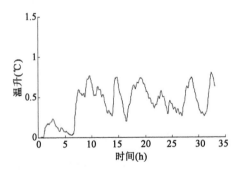

图 4-63　一期工程取水口温升过程曲线范围
（工况 5）

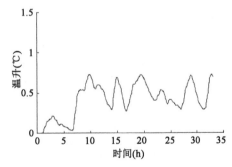

图 4-64　二期工程取水口温升过程曲线范围
（工况 5）

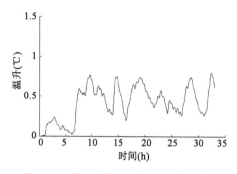

图 4-65　三期工程取水口温升过程曲线范围（工况 5）

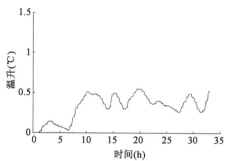

图 4-66　一期工程取水口温升过程曲线范围（工况 6）

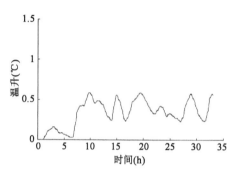

图 4-67　二期工程取水口温升过程曲线范围（工况 6）

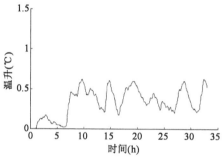

图 4-68　三期工程取水口温升过程曲线范围（工况 6）

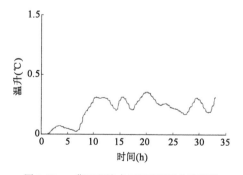

图 4-69　一期工程取水口温升过程曲线范围（工况 7）

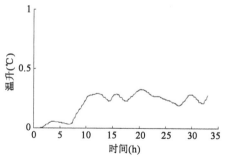

图 4-70　二期工程取水口温升过程曲线范围（工况 7）

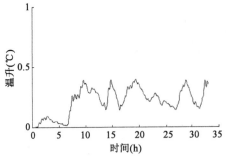

图 4-71　三期工程取水口温升过程曲线范围（工况 7）

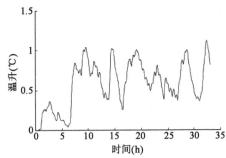

图 4-72　一期工程取水口温升过程曲线范围（工况 8）

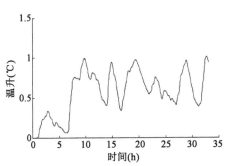

图 4-73　二期工程取水口温升过程曲线范围（工况 8）

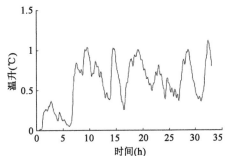

图 4-74　三期工程取水口温升过程曲线范围（工况 8）

4.4.5.2　ADIPALA1×660MW+1×1000MW、Serayu 河、方案 1

当计算时，考虑 ADIPALA1×660MW+1×1000MW、Serayu 河和方案 1，且一期工程防波堤和三期工程防波堤均不能透流、透热时，数学模型计算得到不同工况各取水口处最大、平均温升特征值，见表 4-10。

不同工况取水口处温升特征值　　　　　表 4-10

工况	取水口（号）	温升值（℃）		工况	取水口（号）	温升值（℃）	
		最大值	平均值			最大值	平均值
1	1	0.78	0.42	3	1	0.85	0.47
	2	0.72	0.42		2	0.75	0.45
	3	0.8	0.42		3	0.89	0.47
2	1	1.16	0.59	4	1	1.22	0.64
	2	1.05	0.59		2	1.03	0.63
	3	1.16	0.58		3	1.24	0.64

续上表

工况	取水口(号)	温升值(℃) 最大值	温升值(℃) 平均值	工况	取水口(号)	温升值(℃) 最大值	温升值(℃) 平均值
5	1	0.91	0.48	7	1	0.45	0.26
5	2	0.82	0.46	7	2	0.42	0.24
5	3	0.91	0.48	7	3	0.54	0.3
6	1	0.62	0.45	8	1	1.11	0.56
6	2	0.59	0.35	8	2	0.99	0.56
6	3	0.69	0.37	8	3	1.11	0.56

4.4.5.3　ADIPALA1×660MW、Serayu 河、方案 2

当计算时,考虑 ADIPALA1×660MW、Serayu 河和方案 2,且一期工程防波堤和三期工程防波堤均不能透流、透热时,数学模型计算得到不同工况各取水口处最大、平均温升特征值,见表 4-11。

不同工况取水口处温升特征值　　表 4-11

工况	取水口(号)	温升值(℃) 最大值	温升值(℃) 平均值	工况	取水口(号)	温升值(℃) 最大值	温升值(℃) 平均值
1	1	0.97	0.51	5	1	1.09	0.57
1	2	0.99	0.53	5	2	1.1	0.59
1	3	0.96	0.51	5	3	1.07	0.57
2	1	1.35	0.69	6	1	0.83	0.42
2	2	1.34	0.68	6	2	0.8	0.42
2	3	1.38	0.7	6	3	0.79	0.43
3	1	0.93	0.47	7	1	0.51	0.28
3	2	0.88	0.47	7	2	0.5	0.28
3	3	0.87	0.48	7	3	0.48	0.27
4	1	1.29	0.65	8	1	1.25	0.64
4	2	1.29	0.67	8	2	1.24	0.62
4	3	1.24	0.65	8	3	1.27	0.64

4.4.5.4　ADIPALA1×660MW+1×1000MW、Serayu 河、方案 2

考虑 ADIPALA1×660MW+1×1000MW、Serayu 河和方案 2,且一期工程防波堤和三期工程防波堤均不能透流、透热时,数学模型计算得到不同工况各取水口处最大、平均温升特征值见表4-12。

不同工况取水口处温升特征值　　　　　表4-12

工况	取水口（号）	温升值（℃）最大值	温升值（℃）平均值	工况	取水口（号）	温升值（℃）最大值	温升值（℃）平均值
1	1	1	0.53	5	1	1.23	0.65
1	2	1.02	0.55	5	2	1.24	0.66
1	3	1.01	0.53	5	3	1.22	0.65
2	1	1.51	0.77	6	1	0.94	0.6
2	2	1.5	0.76	6	2	0.8	0.45
2	3	1.54	0.77	6	3	0.86	0.47
3	1	1.04	0.54	7	1	0.66	0.35
3	2	0.94	0.53	7	2	0.64	0.34
3	3	1.01	0.54	7	3	0.64	0.37
4	1	1.41	0.72	8	1	1.38	0.7
4	2	1.32	0.74	8	2	1.37	0.69
4	3	1.38	0.72	8	3	1.41	0.7

4.4.5.5　ADIPALA1×660MW、Serayu河、方案3

考虑ADIPALA1×660MW、Serayu河和方案3，且一期工程防波堤和三期工程防波堤均不能透流、透热时，数学模型计算得到不同工况各取水口处最大、平均温升特征值见表4-13。

不同工况取水口处温升特征值　　　　　表4-13

工况	取水口（号）	温升值（℃）最大值	温升值（℃）平均值	工况	取水口（号）	温升值（℃）最大值	温升值（℃）平均值
1	1	0.75	0.4	4	1	1.12	0.57
1	2	0.71	0.4	4	2	1.01	0.56
1	3	0.76	0.39	4	3	1.09	0.56
2	1	1.04	0.52	5	1	0.8	0.41
2	2	0.94	0.52	5	2	0.74	0.41
2	3	1.01	0.52	5	3	0.78	0.42
3	1	0.74	0.39	6	1	0.56	0.32
3	2	0.7	0.4	6	2	0.57	0.33
3	3	0.77	0.4	6	3	0.61	0.34

续上表

工况	取水口(号)	温升值(℃) 最大值	温升值(℃) 平均值	工况	取水口(号)	温升值(℃) 最大值	温升值(℃) 平均值
7	1	0.35	0.2	8	1	0.97	0.5
7	2	0.32	0.2	8	2	0.89	0.5
7	3	0.4	0.22	8	3	1	0.5

4.4.5.6 ADIPALA1×660MW+1×1000MW、Serayu 河、方案 3

考虑 ADIPALA1×660MW+1×1000MW、Serayu 河和方案 3，且一期工程防波堤和三期工程防波堤均不能透流、透热时，数学模型计算得到不同工况各取水口处最大、平均温升特征值见表 4-14。

不同工况取水口处温升特征值 表 4-14

工况	取水口(号)	温升值(℃) 最大值	温升值(℃) 平均值	工况	取水口(号)	温升值(℃) 最大值	温升值(℃) 平均值
1	1	0.77	0.41	5	1	0.91	0.47
1	2	0.74	0.42	5	2	0.84	0.46
1	3	0.8	0.41	5	3	0.88	0.47
2	1	1.16	0.58	6	1	0.64	0.46
2	2	1.05	0.58	6	2	0.57	0.35
2	3	1.13	0.58	6	3	0.67	0.37
3	1	0.83	0.45	7	1	0.45	0.25
3	2	0.75	0.46	7	2	0.41	0.24
3	3	0.89	0.46	7	3	0.54	0.3
4	1	1.22	0.63	8	1	1.08	0.55
4	2	1.03	0.62	8	2	0.98	0.56
4	3	1.21	0.62	8	3	1.11	0.55

4.4.5.7 防浪堤透水透热对二期工程取水口温升影响

当计算时，一期工程防波堤和三期工程防波堤均能透流、透热时，根据防波堤平面图，导流堤和防浪堤共 1925m 可透热，分别计算了 4.4.5.1～4.4.5.6 节各工况，得到了二期工程取水口处温升特征值，见表 4-15～表 4-20。

考虑透热情况下各工况二期工程取水口处温升特征值(℃)
(ADIPALA1×660MW、Serayu河、方案1)　　表4-15

工况	温升值		工况	温升值	
	最大值	平均值		最大值	平均值
1	1.1	0.8	5	1.13	0.81
2	1.54	1.13	6	0.89	0.63
3	1.1	0.8	7	0.53	0.4
4	1.61	1.17	8	1.53	1.13

考虑透热情况下各工况二期工程取水口处温升特征值(℃)
(ADIPALA1×660MW+1×1000MW、Serayu河、方案1)　　表4-16

工况	温升值		工况	温升值	
	最大值	平均值		最大值	平均值
1	1.12	0.82	5	1.22	0.86
2	1.65	1.19	6	0.89	0.65
3	1.15	0.85	7	0.62	0.44
4	1.63	1.23	8	1.62	1.19

考虑透热情况下各工况二期工程取水口处温升特征值(℃)
(ADIPALA1×660MW、Serayu河、方案2)　　表4-17

工况	温升值		工况	温升值	
	最大值	平均值		最大值	平均值
1	1.39	0.93	5	1.5	0.99
2	1.94	1.28	6	1.1	0.72
3	1.28	0.87	7	0.7	0.48
4	1.89	1.27	8	1.87	1.25

考虑透热情况下各工况二期工程取水口处温升特征值(℃)
(ADIPALA1×660MW+1×1000MW、Serayu河、方案2)　　表4-18

工况	温升值		工况	温升值	
	最大值	平均值		最大值	平均值
1	1.42	0.95	5	1.64	1.06
2	2.1	1.36	6	1.1	0.75
3	1.34	0.93	7	0.84	0.54
4	1.92	1.34	8	2	1.32

考虑透热情况下各工况二期工程取水口处温升特征值(℃)
（ADIPALA1×660MW、Serayu河、方案3） 表4-19

工 况	温 升 值		工 况	温 升 值	
	最大值	平均值		最大值	平均值
1	1.11	0.8	5	1.14	0.81
2	1.54	1.12	6	0.87	0.63
3	1.1	0.8	7	0.52	0.4
4	1.61	1.16	8	1.52	1.13

考虑透热情况下各工况二期工程取水口处温升特征值(℃)
（ADIPALA1×660MW+1×1000MW、Serayu河、方案3） 表4-20

工 况	温 升 值		工 况	温 升 值	
	最大值	平均值		最大值	平均值
1	1.14	0.82	5	1.24	0.86
2	1.65	1.18	6	0.87	0.65
3	1.15	0.86	7	0.61	0.44
4	1.63	1.22	8	1.61	1.19

第5章 强涌浪海域滨海电站水工模型研究与示范应用

5.1 强涌浪海域涌浪作用下船舶系泊物理模型模拟研究

长周期波浪不同于一般风浪及短周期涌浪,它的波高虽然不大,但波长较长,波速也较大,具有极强的穿越可透浪防波堤的能力和较大的能量。对于有掩护的港口,长周期波浪能够在港内反复震荡,不易消减,容易引起港内共振,因此对港口波况和船舶泊稳条件产生非常大的影响。由于系泊船舶对低频长周期波浪响应敏感,所以长周期波浪的存在,可导致船舶剧烈的运动,造成相当大的缆力、撞击力,从而给系泊船舶及码头作业带来危害,甚至发生事故。众所周知的例子有:美国洛杉矶港、南非开普敦港、秘鲁马尔克纳港以及毛里塔尼亚友谊港等,都是由于长周期波浪或港内副振动的存在,使得系泊船舶时常发生断缆等事故,影响船舶作业和系泊安全。

我国现行的港口规范中关于船舶装卸作业的允许波高值适用于波浪平均周期小于或等于8s,这是由于中国海岸波浪平均周期多在2.3~7.5s。对于更长周期的允许波浪条件,建议通过模型试验确定。

近年来,随着我国"一带一路"倡议的提出和实施,中国企业不断走出国门,参加全球港口建设,在非洲大西洋海岸、印尼印度洋海岸等具有长周期波浪(涌浪)海域进行建港是必然的选择。这些海域的波浪平均周期多为12~18s,最大达20余秒,其中不规则波列中含更长周期波浪成分,这给我国港工界带来新的挑战。当前,国内相关单位结合一些海外工程实践,对长周期波浪海域建港的有关技术问题开展了研究,如长周期涌浪作用下防波堤的稳定性、长周期波浪推算方法、长周期波浪对船舶运动的影响等。

5.1.1 船舶系泊物理模型试验技术

船舶系泊物理模型试验须遵循《波浪模型试验规程》(JTJ/T 234—2001)和

《海岸与河口潮流泥沙模拟技术规程》(JTS/T 231-2—2010)进行,并应符合港口工程的相关规范的有关规定。

5.1.1.1 物理模型和船模的相似理论

采用物理模型试验来研究系泊船舶的运动和动力特性,必须遵守力学相似定律,即模型与原型应几何相似、运动相似和动力相似。满足了这些条件,就可将模型试验的结果换算到原型上。

(1)几何相似

指两物体间形状的相似,即模型与原型对应的线性尺度的比例为一定的数值,故几何相似的必要条件为:

$$\frac{l_p}{l_m} = \lambda \tag{5-1}$$

$$\frac{A_p}{A_m} = \lambda_A = \lambda^2 \tag{5-2}$$

$$\frac{W_p}{W_m} = \lambda_W = \lambda^3 \tag{5-3}$$

式中:l、A、W——长度、面积及体积,下标 p 表示原型,下标 m 表示模型;

λ——长度比值;

λ_A——面积比值;

λ_W——体积比值。

(2)运动相似

指两物体运动的相似,即模型与原型对应点上的速度值成同一比例。运动相似的必要条件为:

$$\frac{v_{p1}}{v_{m1}} = \frac{v_{p2}}{v_{m2}} = \cdots = \lambda_V = \frac{\lambda}{\lambda_t} \tag{5-4}$$

式中:v_p、v_m——原型和模型的速度,下标 1、2…为不同对应点的位置;

λ_V——速度比尺;

λ_t——速度比尺。

(3)动力相似

$$\frac{F_{p1}}{F_{m1}} = \frac{F_{p2}}{F_{m2}} = \cdots = \lambda_F \tag{5-5}$$

式中:F_p、F_m——作用在实船与模型对应点上的力,下标 1、2…表示不同对应点的位置;

λ_F——力比尺。

在港口及水利工程中,可能遇到的作用力包括重力、惯性力、黏性力、摩阻力、表面张力和弹性力等。在理论上,动力相似体系中要求所有这些对应的力的方向应相互平行、大小成同一比例,但在模型试验中满足全部的动力相似条件是困难的,同时并非所有的相似条件都有同等重要的意义。因此在满足试验的精度要求下,通常保证主要作用力相似条件即可。对于船舶系泊物理模型试验,由于黏性力等在试验中起次要作用,一般只保证重力相似和惯性力相似两个条件。

重力相似要满足 Froude 数 $F_r = \dfrac{v}{\sqrt{gl}}$ 相等,即:

$$\frac{v_p}{\sqrt{gl_p}} = \frac{v_m}{\sqrt{gl_m}} = F_r \tag{5-6}$$

式中:v_p、v_m——原型和模型的速度;

l_p、l_m——原型和模型的长度;

g——重力加速度。

惯性力相似代表了不定常流动的相似条件,要求 Strouhal 数 $S_t = \dfrac{vt}{l}$ 相等(对于船舶横摇,t 可以取横摇固有周期),即:

$$\frac{v_p t_p}{l_p} = \frac{v_m t_m}{l_m} = S_t \tag{5-7}$$

式中:v_p、v_m——原型和模型的速度;

l_p、l_m——原型和模型的长度;

t_p、t_m——原型和模型的时间。

由式(5-1)、式(5-6)和式(5-7)可得:

$$\frac{v_p}{v_m} = \sqrt{\frac{l_p}{l_m}} = \sqrt{\lambda} \tag{5-8}$$

$$\frac{t_p}{t_m} = \frac{V_m}{V_s} \cdot \frac{l_p}{l_m} = \sqrt{\lambda} \tag{5-9}$$

在力学相似条件下,当忽略船模与实船试验时所处水的密度差别时,可以得到船模与实船质量、质量惯性矩等的关系。

质量关系:

$$\frac{\Delta_p}{\Delta_m} = \frac{\rho_p W_p}{\rho_m W_m} = \frac{L_p^3}{L_m^3} = \lambda^3 \tag{5-10}$$

式中:Δ——质量;

ρ——水的密度;

W——水的体积。

质量惯性矩关系：

$$\frac{\Delta_p L_p^2}{\Delta_m L_m^2} = \lambda^5 \tag{5-11}$$

线加速度关系：

$$\frac{L_p}{t_p^2} : \frac{L_m}{t_m^2} = \frac{L_p}{L_m} \cdot \frac{t_m^2}{t_p^2} = 1 \tag{5-12}$$

同理，可以求出船舶系泊物理模型试验中主要物理量原型与模型的比值关系，见表5-1。表中线性尺度的比值不仅是指几何相似规律所确定的外表尺度，而且也是指船舶重心坐标、稳心半径、稳性高、船舶质量惯性半径及船舶环境荷载波高等。

船舶系泊物理模型试验主要物理量比值关系　　表5-1

名　称	比　值	名　称	比　值
线性尺度	λ	排水量	λ^3
面积	λ^2	角度	1
体积	λ^3	惯性矩	λ^5
线速度	$\lambda^{\frac{1}{2}}$	线加速度	1
时间(周期)	$\lambda^{\frac{1}{2}}$	角速度	$\lambda^{-\frac{1}{2}}$
频率	$\lambda^{-\frac{1}{2}}$	能量	λ^4
压强	λ	功率	$\lambda^{3.5}$
力	λ^3	动能、冲量	$\lambda^{3.5}$
流量	$\lambda^{\frac{5}{2}}$	动量矩	$\lambda^{4.5}$

5.1.1.2　缆绳和护舷的相似条件

由于系泊船舶所受到的系缆力和撞击力还受到缆绳和护舷本身弹性的影响，因此模型中还需考虑缆绳和护舷的弹性相似等。

(1) 缆绳的相似条件

几何相似：主要是长度相似，即原、模型船舶上的带缆点和码头上的带缆点之间的距离相似。

弹性相似：原、模型缆绳的受力-伸长关系相似。缆绳的受力与伸长关系是非线性的，并不遵循胡克定律。因此缆绳弹性模量宜按原型缆绳实测值模拟。当无实测值时，模型缆绳的受力-伸长关系可用Wilson公式计算：

$$T_m = \frac{C_p d_p^2 (\Delta S/S)^n}{\lambda^3} \tag{5-13}$$

式中：T_m——模型缆绳拉力（N）；

　　　C_p——原型缆绳弹性系数，无实测值时，尼龙缆取 $C_p = 1.540 \times 10^4$ MPa，钢缆取 $C_p = 26.94 \times 10^4$ MPa；

　　　d_p——原型缆绳直径（m）；

　　　$\Delta S/S$——原型缆绳相对伸长；

　　　n——指数，尼龙缆可取 $n = 3$，钢缆可取 $n = 1.5$；

　　　λ——模型长度比尺。

质量相似：即缆绳单位长度质量 M 的相似。通常原型缆绳的单位长度质量 M_p 可用下式表达：

$$M_p = C_p d_p^2 \tag{5-14}$$

则模型缆绳单位长度的质量 M_m 为：

$$M_m = \frac{C_p d_p^2}{\lambda^2} \tag{5-15}$$

式中：C_p——空气中原型缆绳的质量比例系数，尼龙缆可取 $C_p = 670 \text{kg}/(\text{m}^2 \cdot \text{m})$，钢缆可取 $C_p = 3670 \text{kg}/(\text{m}^2 \cdot \text{m})$；

　　　d_p——原型缆绳直径（m）；

　　　λ——模型长度比尺。

(2) 护舷的相似条件

码头上的护舷通过其受力后的压缩变形起着吸收撞击能量、减小撞击力的作用，故其主要相似条件为原、模型受力-变形曲线相似，即要求几何相似、弹性相似。

几何相似：一般只要求受压方向尺度的几何相似，对于鼓型护舷则是原、模型护舷高度的相似；

弹性相似：原、模型护舷的受力-变形曲线相似和吸收能量-变形曲线相似。

5.1.1.3　物理模型模拟

船舶系泊物理模型一般采用正态整体物理模型，依据《波浪模型试验规程》（JTJ/T 234—2001），模型的原始入射波，规则波波高不应小于2cm，波周期不应小于0.5s；不规则波有效波高不应小于2cm，谱峰周期不应小于0.8s；当有船舶模型置于其中时，模型长度比尺不应大于80。通常对于大型船舶，模型比值取60~70，对于小型船舶，模型比尺取40~60。

试验区模拟范围应包括码头、防波堤、护岸、栈桥、引桥、回旋水域、进出港航道等。模型制作时，应在水池中进行控制导线和网格、地形等高线和建筑物的轮廓线放样,并设置 1~2 个水准点;模型地形可用桩点法复制,桩点间距不宜过大,对于变化复杂区域应加密桩点间距,采用砂等材料填充,压实后,用水泥砂浆抹面,抹面后的地形高程允许偏差为 ±2.0mm。

相对护舷的变形系数而言,码头等水工建筑物的变形要小很多,可按照刚性处理,一般采用木材、普通钢材和塑料板等建材制作,并严格控制其尺度和高程,以复演对波浪传播和水流所产生的影响。

模型布置时,试验水池中造波机与建筑物模型的间距应大于 6 倍平均波长。模型中设有防波堤堤头时,堤头与水池边界的间距应大于 3 倍平均波长,单突堤堤头与水池边界的距离应大于 5 倍平均波长,并应在水池边界设消浪装置,减小反射影响。

某工程船舶系泊试验模型布置及模型照片分别如图 5-1、图 5-2 所示。

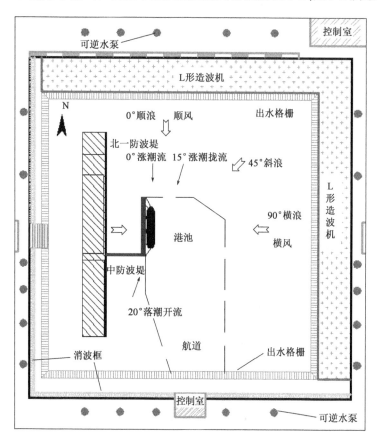

图 5-1　某工程船舶系泊试验模型布置图

图 5-2　某工程船舶系泊试验模型照片

5.1.1.4　船舶模拟

船舶模拟除了几何相似之外，还应在船模排水量、重心的纵向位置和垂向位置、船模的质量惯性矩等方面满足表 5-1 中的对应关系，即船模与实船的质量分布相似，才能保证船模和实船之间的重力相似和惯性力相似条件，因此应进行静力校准和动力校准。校准方法详见文献[69][70]，当采用风机模拟风场时，则应对船舶的上层建筑进行模拟。图 5-3 为某工程的 LNG 船模照片。

图 5-3　某工程的 LNG 船模照片

5.1.1.5 缆绳和护舷模拟

（1）缆绳模拟

寻找完全满足相似关系模型缆绳几乎不可能。为解决原、模型缆绳的弹性相似问题，常在模型缆绳上串接一弹性元件，模型缆绳采用本身无弹性的细钢丝，在其末端系结一悬臂钢片，通过调整悬臂长度以模拟弹性。另外，选用的模型缆绳单位长度的质量也难以与原型相似，通常可采用模型缆绳全长均匀而离散的增加小质量块，以达到质量相似。

在模型中，缆绳按照自船上绞车经带缆孔至码头上带缆钩间的总长度进行模拟，船与岸相对位置固定后，长度自动满足几何相似。图 5-4 为某工程系泊缆绳的模拟结果。

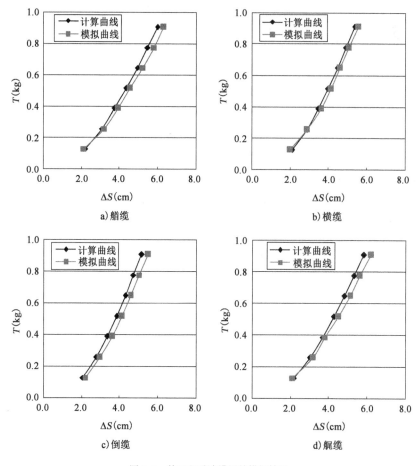

图 5-4　某工程系泊缆绳的模拟结果

(2)护舷模拟

传统护舷模拟方法采用混炼胶制作高度相似的胶棒,通过改变胶棒的直径和壁厚,以达到受力-变形曲线相似。目前,护舷的受力-变形曲线模拟采用磷铜片等变形回零较好的金属片,通过设计一个不仅能改变磷铜片的悬臂长度,而且可测量磷铜片的变形及受力的机械装置,达到护舷受力-变形曲线的相似。图5-5为护舷模拟装置,图5-6为该护舷装置模拟一鼓一板SUC2500H标准反力型橡胶护舷模拟结果,从中可知,模拟效果较好。

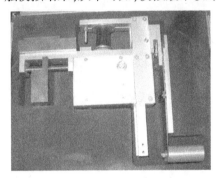 

图 5-5　护舷模拟装置

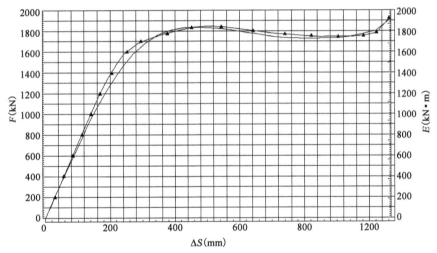

图 5-6　一鼓一板 SUC2000H 标准反力型橡胶护舷模拟结果

注:第1号传感器测得的R0型护舷的变形与力曲线。一鼓一板,设计反力为1781kN,护舷尺寸为2000mm,设计吸能量为1564kN·m。

应该说明的是,上述护舷的模拟是在静力条件下进行的,虽然动力条件下橡胶护舷的受力和变形性质与静力条件下有所不同,但对试验结果的影响并不大。

5.1.2 14000DWT 驳船试验结果

1)试验组次说明

(1)系缆方式:14000DWT 驳船的系缆方式一为 3:3:2,系缆点位置如图 5-7 所示,其中艏、艉缆分别系在码头最两端的系船柱上,艏、艉缆与码头前沿的夹角为 30°~35°。14000DWT 驳船的系缆方式二为 3:3:2,系缆点位置如图 5-8 所示,其中艏、艉缆分别系在码头两端起算第二个系船柱上,艏、艉缆与码头前沿的夹角为 59°~60°,系缆方式二与系缆方式一缆绳布置的差别比较见表 5-2,提出系缆方式二的主要目的是希望艏、艉缆能分担部分横缆的受力,使得各组缆绳受力更为均匀些。

(2)缆绳初张力:缆绳初张力按 26~52kN 考虑。

(3)环境荷载等其他条件:试验组次见表 5-3 和表 5-4,试验照片见图 5-9 和图 5-10。

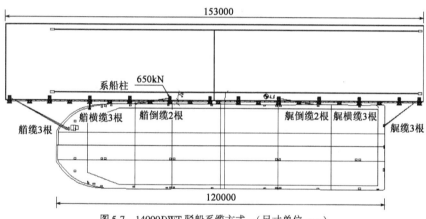

图 5-7 14000DWT 驳船系缆方式一(尺寸单位:mm)

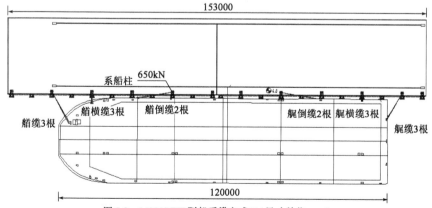

图 5-8 14000DWT 驳船系缆方式二(尺寸单位:mm)

14000DWT 驳船两种系缆方式中的系缆角度和缆绳长度比较　　　表 5-2

缆　绳	缆绳长度		与码头前沿线水平角	
	系缆方式一	系缆方式二	系缆方式一	系缆方式二
艏缆	23.6m	12.3m	30°	60°
艏横缆	4.0m	4.0m	90°	90°
艏艉倒缆	13.8m	13.8m	10°	10°
艉横缆	2.8m	2.8m	90°	90°
艉缆	16.1m	11.0m	35°	59°

14000DWT 驳船系缆方式一试验组次　　　表 5-3

序号	船型	水位	载度	$H_{4\%}$(m)	T(s)	风(m/s)
1	14000DWT 驳船	设计高水位 +2.46m	满载	0.3	12	—
2				0.4		
3				0.6		
4				0.8		

14000DWT 驳船系缆方式二试验组次　　　表 5-4

序号	船型	水位	载度	$H_{4\%}$(m)	T(s)	风(m/s)
1	14000DWT 驳船	设计高水位 2.46m	压载	0.3	12	18
2				0.4		
3				0.5		
4				0.6		
5				0.8		
6				0.3		10.8
7				0.4		
8				0.5		
9				0.6		
10				0.8		
11			半载	0.3		—
12				0.4		—
13				0.5		—
14				0.6		—
15				0.8		—

续上表

序号	船型	水位	载度	$H_{4\%}$(m)	T(s)	风(m/s)
16	14000DWT 驳船	设计高水位 2.46m	满载	0.3	12	—
17				0.4		—
18				0.5		—
19				0.6		—
20				0.8		—
21		设计低水位 0.42m	压载	0.3	12	18
22				0.4		18
23				0.5		18
24				0.6		18
25				0.8		18
26				0.3		10.8
27				0.4		10.8
28				0.5		10.8
29				0.6		10.8
30				0.8		10.8
31			半载	0.3		—
32				0.4		—
33				0.5		—
34				0.6		—
35				0.8		—
36			满载	0.3		—
37				0.4		—
38				0.5		—
39				0.6		—
40				0.8		—

2)系缆力与撞击力

试验结果表明,对于系缆方式一,当波高 0.4m,周期 12s 时,最大艏横缆力为 245kN,已大于 ϕ60mm 的尼龙缆的最小破断力的 45%(234kN),故系缆方式一满足船舶系缆力要求的限制波浪工况为:$H_{4\%}<0.4$m,$\overline{T}\leqslant12$s;当波高 0.8m、

周期12s时,锥形SCN700两鼓一板护舷所受的撞击力及撞击能量的最大值分别为738kN和320kJ,已超过两鼓一板护舷的设计撞击力(720kN)和撞击能量(262kJ),故系缆方式一满足设计护舷要求的限制波浪工况为:$H_{4\%}<0.8\mathrm{m}, \overline{T} \leqslant 12\mathrm{s}$。

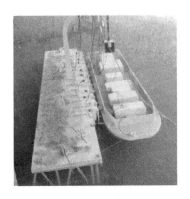

图5-9　14000DWT驳船系缆方式一试验照片

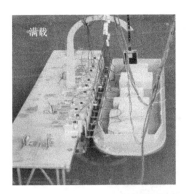
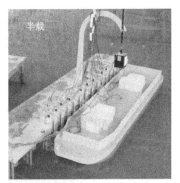

图5-10　14000DWT驳船系缆方式二试验照片

对于系缆方式二,当波高0.5m,周期12s时,最大艏横缆力小于ϕ60mm尼龙缆最小破断力的45%(234kN);当波高0.6m,周期12s时,最大艏横缆力约为最小破断力的48%;当波高0.8m,周期12s时,最大艏横缆力约为最小破断力的80.6%。故系缆方式二满足船舶系缆力要求的限制波浪工况为:$H_{4\%} \leq 0.5m$, $\overline{T} \leq 12s$;当波高0.8m,周期12s时,锥形SCN700两鼓一板护舷所受的撞击力及撞击能量的最大值分别为733kN和288kJ,已超过两鼓一板护舷的设计撞击力(720kN)和撞击能量(262kJ),故系缆方式二满足设计护舷要求的限制波浪工况为:$H_{4\%} < 0.8m$, $\overline{T} \leq 12s$。

3)运动量

由运动量试验结果可以看出,对于系缆方式一,当波高0.6m、周期12s时,横移1.17m,超出国际航运协会(PIANC)给出的建议最大允许运动量推荐值(横移1.0m),其他运动量则在最大允许运动量推荐值范围内。故系缆方式一满足船舶运动量的限制波浪工况为:$H_{4\%} \leq 0.4m$, $\overline{T} \leq 12s$。

对于系缆方式二,仅在波高0.8m时,横移运动量为1.35m,超出了PIANC给出的建议最大允许运动量推荐值范围(横移1.0m),其他运动量均在推荐值范围之内。故系缆方式二满足船舶运动量的限制波浪工况为:$H_{4\%} \leq 0.6m$, $\overline{T} \leq 12s$。

5.1.3 55000DWT散货船试验结果

1)试验组次说明

(1)系缆方式:55000DWT散货船的系缆方式一和系缆方式均为3:3:2,系缆点位置如图5-11和图5-12所示。

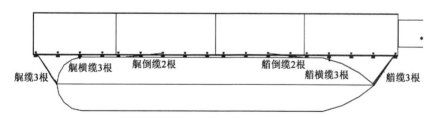

图5-11 55000DWT散货船系缆方式一

(2)缆绳初张力:艏、艉缆和艏、艉倒缆为破断力的10%,即90kN,艏、艉横缆为破断力的5%,即45kN。

(3)环境荷载等其他条件:试验组次见表5-5和表5-6,试验照片见图5-13和图5-14。

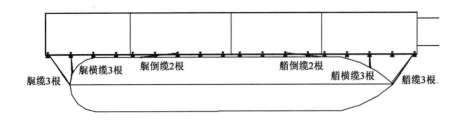

图 5-12 55000DWT 散货船系缆方式二

55000DWT 散货船系缆方式一试验组次 表 5-5

序号	船型	水位	载度	$H_{4\%}$(m)	T(s)	风(m/s)
1	55000DWT 散货船	设计高水位 +2.46m	满载	0.3	12	—
2				0.4		
3				0.5		
4				0.6		
5				0.8		

55000DWT 散货船系缆方式二试验组次 表 5-6

序号	船型	水位	载度	$H_{4\%}$(m)	T(s)	风(m/s)
1	55000DWT 驳船	设计高水位 2.46m	压载	0.3	10	10.8
2				0.4		
3				0.5		
4				0.6		
5				0.8		
6				0.3	12	10.8
7				0.4		
8				0.5		
9				0.6		
10				0.8		
11			半载	0.3		—
12				0.4		—
13				0.5		—
14				0.6		—
15				0.8		—

续上表

序号	船型	水位	载度	$H_{4\%}$(m)	T(s)	风(m/s)
16	55000DWT 驳船	设计高水位 2.46m	满载	0.3	12	—
17				0.4		—
18				0.5		—
19				0.6		—
20				0.8		—
21		设计低水位 0.42m	压载	0.3	10	10.8
22				0.4		
23				0.5		
24				0.6		
25				0.8		
26				0.3		10.8
27				0.4		
28				0.5		
29				0.6		
30				0.8		
31			半载	0.3	12	—
32				0.4		—
33				0.5		—
34				0.6		—
35				0.8		—
36			满载	0.3		—
37				0.4		—
38				0.5		—
39				0.6		—
40				0.8		—

2)系缆力与撞击力

试验结果表明,对于系缆方式一,当波高0.4m,周期12s时,最大艏横缆力已大于ϕ80mm的尼龙缆的最小破断力的45%(405kN),故系缆方式一满足船舶系缆力要求的限制波浪工况为:$H_{4\%}<0.4$m,$\overline{T}\leqslant12$s;当波高0.5m、周期12s时,SC1250一鼓一板护舷所受的撞击力及撞击能量的最大值分别为738kN和

320kJ,已超过护舷的设计撞击力(696kN)和撞击能量(382kJ),故系缆方式一满足设计护舷要求的限制波浪工况为:$H_{4\%}<0.5m,\overline{T}\leq12s$。

图5-13 55000DWT散货船系缆方式一试验照片

图5-14 55000DWT驳船系缆方式二试验照片

对于系缆方式二,当波高0.6m、周期12s时,最大艉横缆力为414kN,约为ϕ80mm尼龙缆最小破断力的46%,故系缆方式二满足船舶系缆力要求的限制波浪工况为:$H_{4\%}<0.6m,\overline{T}\leq12s$;当波高0.4m、周期12s时,SC1250一鼓一板护舷所受的最大撞击力及撞击能量的最大值分别为696kN和351kJ,其中最大撞击力已达到设计值(696kN),最大撞击能量还小于设计吸能量(382kJ);当波高0.5m、周期12s时,SC1250一鼓一板护舷所受的最大撞击力及撞击能量的最大值分别为702kN和398kJ,均超过护舷的设计撞击力和撞击能量,故系缆方式二满足设计护舷要求的限制波浪工况为:$H_{4\%}<0.5m,\overline{T}\leq12s$。

总体而言,护舷选型SCN1250一鼓一板偏软,建议适当加大至SC1450一鼓一板标准反力型,其设计反力和设计吸能量分别为936kN和596kJ,最大反力和最大吸能量分别为995kN和631kJ,则系缆方式二满足SC1450一鼓一板护舷的限制波浪可增大至0.8m。

3) 运动量

由运动量试验结果可以看出,对于系缆方式一,当波高0.8m、周期12s时,横移为1.14m,超出了PIANC给出的建议最大允许运动量推荐值(横移1.0m),其他运动量则在最大允许运动量推荐值范围内。故系缆方式一满足船舶运动量的限制波浪工况为:$H_{4\%}\leq0.6m,\overline{T}\leq12s$。

对于系缆方式二,当波高0.8m、周期12s时,横移为1.19m,超出了PIANC给出的建议最大允许运动量推荐值(横移1.0m),其他运动量则在最大允许运动量推荐值范围内;当波高0.8m、周期10s时,横移为1.02m,超出了PIANC给出的建议最大允许运动量推荐值(横移1.0m),其他运动量则在最大允许运动量推荐值范围内。故系缆方式二满足船舶运动量的限制波浪工况为:$H_{4\%}\leq0.6m,\overline{T}\leq12s$ 或 $H_{4\%}<0.8m,\overline{T}\leq10s$。

4)泊稳条件

基于上述物理模型试验,进一步利用数学模型模拟验证 8~18s 不同周期下 14000DWT 驳船和 55000DWT 散货船允许作业波高,见表 5-7。

不同周期下船舶允许作业波高　　　　表 5-7

船　型	允许作业条件	
	平均周期(m)	$H_{4\%}$(m)
14000DWT 驳船	8	<0.6
	9	≤0.5
	10	≤0.4
	12	≤0.4
	14	≤0.3
	16	≤0.3
	18	<0.2
55000DWT 散货船	9	<0.8
	10	≤0.7
	12	≤0.5
	14	≤0.4
	16	<0.3
	18	<0.3

5.1.4　涌浪作用下船舶允许作业波高

交通运输部天津水运工程科学研究院近些年结合"海上丝路"沿线强涌浪海域涌浪海区的大量工程,开展了相关试验,提出了散货船 9~18s 范围内船舶允许作业波高,主要成果见表 5-8。

不同波浪周期条件下的船舶允许作业波高有关试验成果　　表 5-8

船　型	允许波高			备　注
	平均周期(s)	顺浪($H_{4\%}$)(m)	横浪($H_{4\%}$)(m)	
1万 t 散货船	8	≤0.7	<0.6	巴基斯坦胡布电厂配套码头工程
	9	<0.7	≤0.5	
	10	≤0.6	≤0.4	
	12	≤0.5	≤0.4	
	14	≤0.5	≤0.3	
	16	≤0.4	≤0.3	
	18	—	—	

续上表

船 型	允许波高			备 注
	平均周期(s)	顺浪($H_{4\%}$)(m)	横浪($H_{4\%}$)(m)	
3万t散货船	9	<1.0	≤0.6	印尼 KARANG TARAJE 码头工程
	10	—	≤0.5	
	12	≤0.7	≤0.4	
	14	—	≤0.3	
	16	≤0.5	≤0.2	
	18	—	≤0.2	
7万t散货船	9	<1.5	≤1.2	
	10	≤1.0	≤0.8	
	12	≤0.8	≤0.5	
	14	≤0.6	≤0.4	
	16	≤0.8	≤0.3	
	18	—	—	
1.5万t散货船	12	<0.5m	≤0.4m	印尼芝拉扎电厂配套码头工程
5.5万t散货船	10	≤1.0m	≤0.7m	
	12	≤0.8m	≤0.5m	

5.1.5 透浪对船舶系泊的影响

对工程海区测站2009年12月—2010年11月的实测资料进行统计,并折算到工程区 −15m 水深处波浪分频分级结果见表5-9。

−15m 水深处实测波浪分频分级　　表5-9

$H_{13\%}$ 波高分级 (m)	波向(%)			合计 (%)
	SSE	S	SSW	
0~0.8	3.65	13.47	1.36	18.48
0.8~1.6	5.59	44.3	6.51	56.4
1.6~2.4	3.29	15.96	1.93	21.18
2.4~3.2	0.75	2.02	0.62	3.39
>3.2	0.15	0.18	0.22	0.55
合计	13.43	75.93	10.64	100.00

基于透浪试验和系泊试验结果得出不同周期外海波浪透浪对船舶系泊影响的分频分级情况见表5-10和表5-11。

透浪对14000DWT驳船系泊影响程度　　表5-10

允许作业条件	透射系数	对应外海波高 $H_{13\%}$ (m)	实测波浪分频分级 $H_{13\%}$波高分级 (m)	频率 (%)	透浪影响百分比 (%)
$\overline{T}=8s, H_{4\%}<0.6m$	0.13	<3.7	0~0.8	18.48	0~22
			0.8~1.6	56.4	22~43
			1.6~2.4	21.18	43~65
			2.4~3.2	3.39	65~87
			>3.2	0.55	>87
$\overline{T}=9s, H_{4\%}\leq0.5m$	0.14	≤2.8	0~0.8	18.48	0~29
			0.8~1.6	56.4	29~57
			1.6~2.4	21.18	57~88
			2.4~3.2	3.39	—
$\overline{T}=10s, H_{4\%}\leq0.4m$	0.16	≤2	0~0.8	18.48	0~40
			0.8~1.6	56.4	40~80
			1.6~2.4	21.18	—
$\overline{T}=12s, H_{4\%}\leq0.4m$	0.18	≤1.8	0~0.8	18.48	0~44
			0.8~1.6	56.4	44~89
			1.6~2.4	21.18	—
$\overline{T}=14s, H_{4\%}\leq0.3m$	0.19	≤1.3	0~0.8	18.48	0~62
			0.8~1.6	56.4	—
$\overline{T}=16s, H_{4\%}\leq0.3m$	0.20	≤1.2	0~0.8	18.48	0~67
			0.8~1.6	56.4	—
$\overline{T}=18s, H_{4\%}<0.2m$	0.20	<0.8	0~0.8	18.48	0~100

透浪对55000DWT散货船系泊影响程度　　表5-11

允许作业条件	透射系数	对应外海波高 $H_{13\%}$ (m)	实测波浪分频分级 $H_{13\%}$波高分级 (m)	频率 (%)	透浪影响百分比 (%)
$\overline{T}=9s, H_{4\%}<0.8m$	0.14	<4.6	0~0.8	18.48	0~17
			0.8~1.6	56.4	17~35
			1.6~2.4	21.18	35~52
			2.4~3.2	3.39	52~70
			>3.2	0.55	>70

续上表

允许作业条件	透射系数	对应外海波高 $H_{13\%}$ (m)	实测波浪分频分级		透浪影响百分比 (%)
			$H_{13\%}$ 波高分级 (m)	频率 (%)	
$\overline{T}=10s, H_{4\%} \leq 0.7m$	0.16	≤3.5	0~0.8	18.48	0~23
			0.8~1.6	56.4	23~46
			1.6~2.4	21.18	46~69
			2.4~3.2	3.39	69~91
			>3.2	0.55	>91
$\overline{T}=12s, H_{4\%} \leq 0.5m$	0.18	≤2.2	0~0.8	18.48	0~36
			0.8~1.6	56.4	36~73
			1.6~2.4	21.18	—
$\overline{T}=14s, H_{4\%} \leq 0.4m$	0.19	≤1.7	0~0.8	18.48	0~47
			0.8~1.6	56.4	47~94
			1.6~2.4	21.18	—
$\overline{T}=16s, H_{4\%}<0.3m$ 或 $\overline{T}=18s, H_{4\%}<0.3m$	0.20	<1.2	0~0.8	18.48	0~67
			0.8~1.6	56.4	—

5.2 强涌浪海域取水暗涵消浪模型模拟研究

国内外滨海电厂一般采用海水直流供水系统,取水方式大多采用明渠取水方式或者是明渠与引水箱涵相结合的方式,取水明渠、防波堤及引水箱涵均面向大海,外海波浪对滨海电厂水工结构的影响不容忽视。当泵房内波高较大时,将会导致水泵运行不正常,相关规定要求进水前池波浪波动幅度一般不宜超过0.3m。泵房前池水位波动控制要求将是取水明渠口门朝向、取水明渠防波堤平面布置及高程确定的重要依据之一,因此,研究波浪从外海经由取水明渠和引水箱涵进入泵房前池内的水位波动是非常有必要的。

一、三期工程共用取水明渠,三期工程取水口初始布置直接正对明渠入口,外海波浪由外海传至取水明渠,再经由取水暗沟进入泵房后,在泵房内引起水位波动。由于工程所在海域波浪条件恶劣,外海波浪传至取水泵房内引起的水位波动可能会超过泵房内水位波动要求。

5.2.1 试验条件

为了尽量减小比尺效应,根据模型设计要求,采用 $\lambda_L = 12$ 的正态物理模型,按重力相似原则进行设计。

时间比尺:$\lambda_t = \lambda_L^{\frac{1}{2}} = 3.46$。

波高比尺:$\lambda_H = \lambda_L = 12$。

周期比尺:$\lambda_T = \lambda_L^{\frac{1}{2}} = 3.46$。

重量比尺:$\lambda_w = \lambda_L^3 = 1728$。

前池按照实际尺寸按照比尺进行制作,研究波浪通过引水箱涵进入泵房后,对泵房前池内水位变化的影响。模型包括取水口、护岸、引水暗沟、前池,在取水口前侧布置4个波高传感器,在前池内布置4个波高传感器。图5-15为模型平面布置和剖面图,其中矩形引水箱涵长2.58m×宽0.333m×高0.208m。泵房前池底高程为-0.875m,泵房前池顶高程为0.308m,明渠底高程为-0.375m,箱涵底高程为-0.417m。

本次试验将选择不同入射波高、波周期及水位,通过物理模型试验研究引水箱涵的透浪系数。试验按照以下条件考虑:①入射波:规则波;②水位:97%设计低潮位(-0.08m)和平均潮位(+1.21m);③取水口处入射波高:0.5m、1.0m和1.5m;④入射波周期:6s、7s、8s、9s、10s、12s和14s;⑤波个数:20个。取水暗沟消浪物理模型试验具体组次见表5-12。

取水暗沟消浪物理模型试验组次 表5-12

序 号	水 位	取水口处入射波高 (m)	入射波周期 (s)
1~7	97%设计低潮位	0.5	6、7、8、9、10、12和14
8~14		1.0	
15~21		1.5	
22~28	平均潮位	0.5	
29~35		1.0	
36~42		1.5	

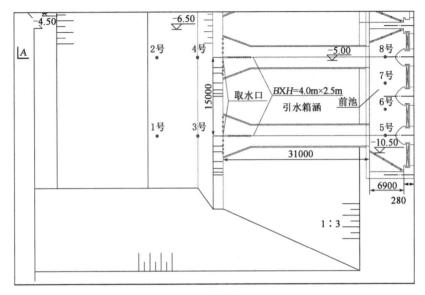

a) 平面图

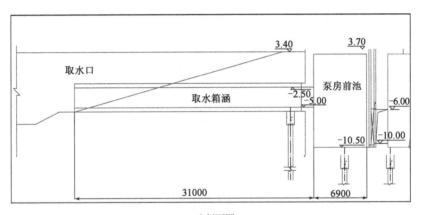

b) 剖面图

图 5-15 引水箱涵及泵房前池模型示意图(尺寸单位:mm;高程单位:m)

注:1~8 号为波高传感器。

5.2.2 规则波作用下各因子对引水箱涵透浪系数的影响

引水箱涵的透浪系数 K_t 可以定义为:引水箱涵前后比波高,即引水箱涵后方的泵房前池内波高(H_T)与引水箱涵入口处的波高(H_I)的比值。在取水口前侧、前池内分别布置了 8 个波高传感器。不同水位、波高、周期引水箱涵的透浪系数结果见表 5-13。外部波浪与前池内水位波动过程见图 5-16。试

第5章 强涌浪海域滨海电站水工模型研究与示范应用

验周期为规则波的平均周期 $\overline{T}$,与不规则波的有效周期 T_s 的关系为 $\overline{T} \approx 0.87 T_s$。

透浪系数 K_t 结果（原体值,单位 m）　　　　　　　　　　　表 5-13

水位 (m)	入射波高 H_T (m)	周期 T (s)	透浪系数 K_t	水位 (m)	入射波高 H_T (m)	周期 T (s)	透浪系数 K_t
-0.08	0.5	8	0.27	-0.08	1.5	9	0.28
		10	0.3			10	0.31
		12	0.35			12	0.36
		14	0.39			14	0.4
	1	8	0.26	+1.21	1.5	6	0.14
		10	0.32			7	0.19
		12	0.35			8	0.24
		14	0.39			9	0.27
	1.5	6	0.15			10	0.3
		7	0.2			12	0.34
		8	0.26			14	0.39

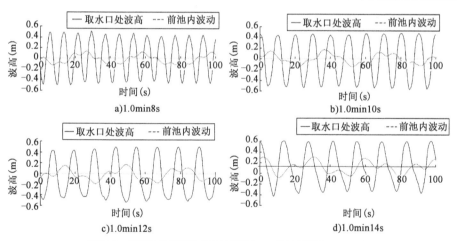

图 5-16　外部波浪与前池波动过程线(97% 设计低潮位 -0.08m)

（1）水位

本次试验采用了两组水位进行了试验,分别为 -0.08m（97% 设计低潮位）和 1.21m（平均潮位）。从试验结果看,潮位对透浪系数 K_t 的影响较小。相同入射波高和波周期条件下,平均潮位引水箱涵的透浪系数较低潮位时稍小,但区别不大。

(2) 入射波高 H_T

本次试验采用了不同规则入射波高进行了试验,分别为 0.5m、1.0m 和 1.5m。从试验结果看,波高大小对透浪系数的影响较小。相同水位、相同入射波周期,不同入射波高条件下,引水箱涵的透浪系数区别不大。

(3) 入射波周期 T

本次试验采用了不同入射波周期 T 进行了试验,波周期 T 范围为 6~14s。从试验结果来看,周期对透浪系数的影响较大,透浪系数 K_t 与入射波周期 T 与呈正比。相同波高 H_T 不同周期 T 时,引水箱涵的透浪系数差别较大,周期越大,透浪系数越大。当入射波周期 T 为 6s,透浪系数 K_t 约 0.15;入射波周期 T 为 8s,透浪系数 K_t 约 0.26;入射波周期 T 为 10s,透浪系数 K_t 约 0.31;入射波周期 T 为 12s,透浪系数 K_t 约 0.35;入射波周期 T 为 14s,透浪系数 K_t 约 0.40。

根据不同入射波周期 T 下的引水箱涵透浪系数 K_t 结果,建立 1/入射波周期($1/T$)-透浪系数(K_t)之间的关系曲线,如图 5-17 所示。

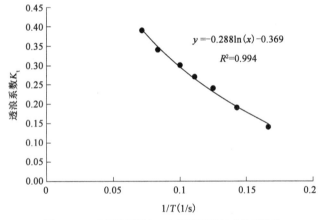

图 5-17　1/入射波周期($1/T$)-透浪系数(K_t)关系曲线

5.2.3　取水泵房内水位波动分析

从引水箱涵的透浪系数结果可知,引水箱涵入口处波浪周期直接决定了泵房前池水位波动情况。根据引水箱涵的透浪系数结果,结合波浪整体物理模型试验研究中波浪定床试验测点波高试验结果,可以得到不同取水口方案引水箱涵入口处的重现期 50 年波列累积频率 1% 的波高及经引水暗沟传至前池内的水位波动值,见表 5-14。不同取水口方案布置图见图 5-18。

透浪系数结果(原体值,单位 m)　　　　　　　　　表 5-14

方案		三期工程取水口处波高 $H_{1\%}$(m)		周期(s)	透浪系数 K_t		泵房前池内水位波动值(m)	
水位		2.97m	-0.08m		2.97m	-0.08m	2.97m	-0.08m
三期工程防波堤建设前	方案1	2.24	2.18	13.85	0.38	0.39	0.85	0.85
	方案2	0.32	0.28				0.12	0.11
三期工程防波堤建设后	方案1	1.42	1.38				0.54	0.54
	方案2	0.24	0.21				0.09	0.08

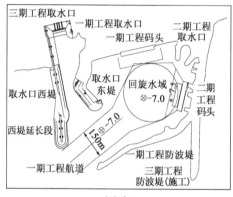
a) 方案1

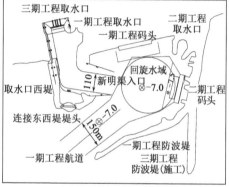
b) 方案2

图 5-18　方案1和方案2平面布置图

方案1取水明渠部分为南侧进水设计方案,见图5-18a)。在一期工程取水明渠的基础上进行改建。原明渠东堤堤头拆除,其余部分保留;改造原明渠西堤,将明渠西扩;西侧原堤头保留,并向海域延伸。取水明渠设计底高程为-4.5m。三期工程防浪堤建设长度在原设计基础上延长300m。方案2取水明渠由东侧进水设计方案,见图5-18b)。在原取水东堤距岸约50m处向海侧开口,形成明渠入口,明渠底高程为-4.5m,新明渠入口设计断面高程-4.5m底宽100m。

根据波浪整体物理模型试验研究结果可知,方案1和方案2引水箱涵入口处的入射波周期为13.85s。由引水箱涵的透浪系数结果,可取+2.97m(1%设计高潮位)和-0.08m(97%设计低潮位)潮位条件下,方案1和方案2引水箱涵的透浪系数 K_t 分别为0.38和0.39。由此可以得到不同取水口方案泵房前池内的水位波动情况。

三期工程防波堤建设前,方案2泵房前池内水位波动值在不同潮位条件下小于0.30m;方案1前池水位波动值远大于0.30m,最大约0.85m。三期工程防波堤建设后,方案1前池水位波动值远大于0.30m,最大约0.54m;方案2前池水位波动值小于 0.30m。

根据《火力发电厂水工设计规范》（DL/T 5339—2018）中的规定"泵房吸水池的有效波高 $H_{13\%}$ 不宜超过 0.3m"。由于方案 1 取水明渠口门朝 S 向，直接面向工程海域的常浪向和强浪向 S 向，波浪从外海传至近海进入取水明渠，特别是在三期工程外防波堤未建设前，波浪没有受到任何阻挡将直接进入取水明渠，然后传至三期扩建项目引水箱涵入口处，经由引水箱涵部分消浪后，泵房前池内的波浪波动幅度将很大；三期工程防波堤建设前后，泵房前池水位波动值分别为 0.85m 和 0.54m。方案 2 取水明渠口门朝 E 向，取水明渠口门及港池航道受一期工程防波堤的掩护，波能衰减很大，传至三期扩建项目引水箱涵入口处的波浪很小，再经由引水箱涵传入泵房前池，前池内水位波动值在三期工程防波堤建设前后分别为 0.11m 和 0.08m（97% 设计低潮位 −0.08m），均小于 0.30m。因此，从取水泵房安全的角度考虑，推荐采用取水口布置方案 2。

5.3 强涌浪海域滨海电站取水泵房流道模型模拟研究

由于现已建成的二期工程 1×660MW 扩建工程循环水系统包括两台循环水泵和两台脱硫泵，经试运行时发现循环水泵 A 和循环水泵 B 存在轴向突振，甚至出现掉泵的情形。另外，A 泵振动较 B 泵严重。发现此问题后，现场人员在 A 流道内增加了胸墙和止涡板等临时措施。临时措施实施后，A 泵轴向振动有所改善但仍然存在。由于现场无法实测流道和喇叭口等位置的水流动力，且为了防止三期工程取水泵房流道出现不良流态及有害漩涡，所以需通过流道物理模型试验研究对水流流态进行模拟并提供优化建议。

二、三期工程主要内容如下：①模拟现状条件下不同水泵组合时，取水口漩涡、流道内偏流、喇叭口内的涡角等；②对取水口、进水箱涵与循环水泵房进水前池连接段的水流流态进行试验研究和分析，给出改善水流流态的建议与措施；③对循环水泵房进水流道内（包括进水前池、滤网间和水泵吸水室等）水流流态进行试验研究和分析，给出改善流态的工程技术措施；④对循环水泵房进水流道内涡流分布和强度进行试验研究和分析，给出消除或减弱各种有害漩涡的工程技术措施。

5.3.1 取水泵房流道模拟技术

（1）进水流道水流相似条件

取水口至泵房进水流道的水流流动主要受重力和惯性力作用。相似条件按佛汝德相似准则模拟,要求模型和原型的佛汝德数 F_r 相等。

佛汝德数:

$$F_r = \frac{v}{(gL)^{0.5}} \quad (5\text{-}16)$$

流量比尺:

$$\lambda_Q = \lambda_L^{2.5} \quad (5\text{-}17)$$

流速比尺:

$$\lambda_V = \lambda_L^{0.5} \quad (5\text{-}18)$$

时间比尺:

$$\lambda_t = \lambda_L^{0.5} \quad (5\text{-}19)$$

式中:λ_L——长度比尺;

v——平均流速(m/s);

L——水力特征长度(m)。

(2)漩涡相似条件

水流漩涡生成与固体边界、水黏性、表面张力及流动特征等参数有关。由于模型几何尺寸的缩小将对漩涡生成产生一定的影响,即缩尺效应,所以,流道模型试验的一个关键点是漩涡模拟的相似性。

漩涡的模拟比较复杂,模型试验须考虑缩尺效应,我国目前还没有关于泵房流道漩涡模拟试验的统一规定。国外对此有不同的作法,日本和西方国家经常采用的方法是在模型试验时,人为加大模型泵流量来克服缩尺效应。在模型中模拟涡流,按美国国家标准局(ANSI)标准和日本机械学会(JIS)标准:

流量比尺:

$$Q_r = \lambda_L^{2.2} \quad (5\text{-}20)$$

流速比尺:

$$v_r = \lambda_L^{0.2} \quad (5\text{-}21)$$

另外,涡流的运动受流体黏滞力影响较大,忽略雷诺相似条件会造成涡流模拟失真,因此应尽量减小黏滞力对涡流的影响。依据美国 HI 标准和大量的试验研究数据表明:当雷诺数大于 6×10^4 和韦伯数大于 240 时,模型中模拟漩涡时的可忽略黏滞力对涡流的影响。雷诺数和韦伯数的计算公式如下:

$$\text{Re} = \frac{4Q}{v\pi D} \quad (5\text{-}22)$$

$$W_b = \frac{\rho u^2 D}{\sigma} \quad (5\text{-}23)$$

式中:Q——泵的流量(m^3/s);
D——吸水喇叭口直径(m);
ρ——水的密度(kg/m^3);
σ——水的表面张力(N/m);
υ——水的动黏滞系数(m^2/s);
u——水泵轴向流速(m/s)。

(3)漩涡等级标准

吸水室水面不得出现大于4级的漏斗涡(挟物漩涡)——表面下陷明显,杂物落入漩涡后会随之下沉,但没有空气吸入;吸水室水下不得出现有害的水内涡和底端涡。漩涡等级判断标准见表5-15,水下涡分类判别特征见表5-16,水下涡形态和等级划分见图5-19。

漩涡等级判断标准　　　　　表5-15

等级	示意图	说明
1级		表面涡纹:表面不下凹,水流旋转不明显或十分微弱
2级		表面凹陷涡:表面微凹,水面之下有浅层的缓慢旋转流体,但未向下延伸
3级	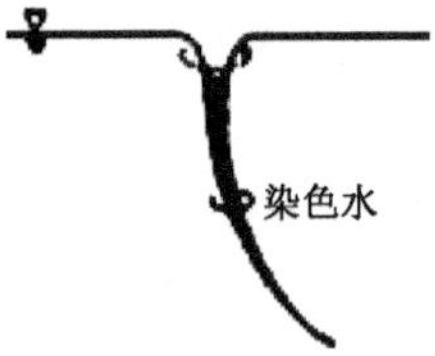 染色水	染料核漩涡:表面下陷,将染色水注入其中时,可见染色水体形成明显的涡斗旋转水柱进入取水口
4级	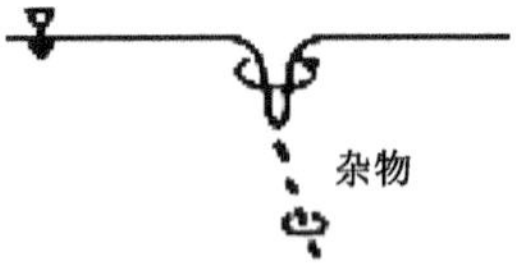 杂物	挟物漩涡:表面下陷明显,杂物落入漩涡后,会随漩涡旋转下沉并吸入取水口内,但没有空气吸入
5级	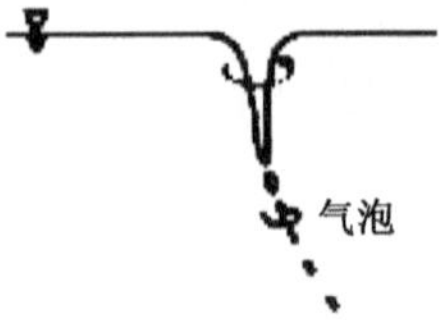 气泡	间断吸气涡:表面下陷较深,漩涡间断地携带气泡进入取水口
6级	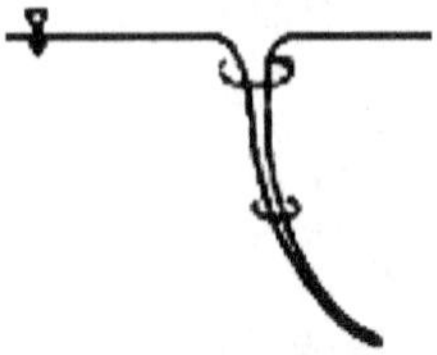	连续吸气涡:漩涡中心为贯通的漏斗形气柱,空气连续入取水口

水下涡分类判别特征　　　　　　　　表 5-16

水下涡带类型	判　别　特　征
第 1 类	水下形成旋转涡线
第 2 类	涡带染色示踪可见存在连续染色核
第 3 类	涡带形成气核或产生气泡

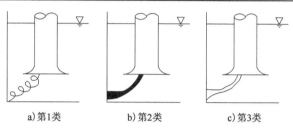

图 5-19　水下涡形态和等级划分

(4) 糙率

原体和模型的糙率比尺为 $\lambda_n = \lambda_L^{\frac{1}{6}}$。

(5) 滤网及拦污栅

滤网栅格模拟时,首先应保持几何相似;滤网栅格在外形几何相似的基础上,按阻力相似模拟。模型中滤网选用常见的铁纱网。

(6) 涡角观测

在观察喇叭口附近漩涡等级的同时测量了进水管中的水流旋转强度,其衡量参数为涡角 θ,涡角的测量仪器为旋度计,旋度计安装位置为距离喇叭口进水口 4 倍进水管直径处。涡角需要根据旋度计的转数和轴向流速计算得到,其计算公式为:

$$\theta = \tan^{-1}\left(\frac{\pi d n}{u}\right) \tag{5-24}$$

式中:u——旋度计位置处的平均轴向流速;

d——旋度计处的管道直径;

n——旋度计每秒钟的转数。

5.3.2　模型设计与制作

二、三期工程流道物理模型几何比尺均为 $\lambda_L = 12$,模型包括取水口、引水箱涵、进水前池、吸水室和喇叭口等。泵房吸水室、引水箱涵采用有机玻璃、塑料板和混凝土等进行制作,循环水泵和脱硫泵的流量使用阀门和矩形量水堰控制。

二期工程模型总长约 13m,宽约 12m;三期工程模型总长约 30m,宽约 19m。

模型范围包括取水口、进水箱涵、泵房进水前池、循环流道以及泵房内主要设施等。模型布置见图5-20和图5-21。

在试验过程中使用阀门和矩形量水堰控制水泵流量,使得每台水泵的流量满足流量比尺的要求。流道内不同断面位置处的流速测量采用多普勒三维流速仪(挪威Nortek公司),仪器精度为±1mm/s。为测试循环水泵吸水管内水流的稳定性,判断吸水管内是否会发生漩涡,采用测量预旋角的方法进行判断,采用旋角测量仪进行测量,其精度为±1r/min。模型中水头损失采用的测量仪器为电容式2008型波高仪,该传感器为电容式波高(液位)传感器,传感器与放大器为一体式结构,输出-5~+5V电压,由屏蔽电缆送往多路开关,在计算机控制下,按一定的时序进入A/D转换器。转换后的数据由微机自动处理。系统对传感器进行温度修正,仪器精度为1.0mm。整个模型布局如图5-22和图5-23所示。

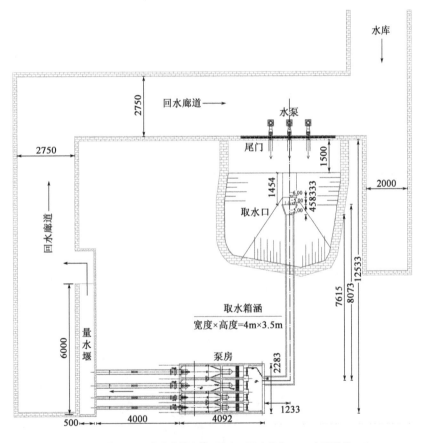

图5-20 二期工程取水流道物理模型布置(尺寸单位:mm;高程单位:m)

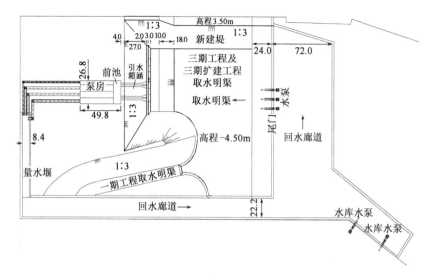

图 5-21 三期工程取水流道物理模型布置示意图(尺寸单位:m)

图 5-22 二期工程取水流道物理模型

图 5-23 三期工程取水流道物理模型

5.3.3 示范工程 2 研究分析

5.3.3.1 示范工程 2 不良流态及有害漩涡

原型现状条件下,单泵运行时最大流量为 19.75m³/s;3 泵运行时(2 台循环水泵 +1 台脱硫泵)最大流量为 37.36m³/s,其中脱硫泵流量为 6.6m³/s。循环水泵流道和脱硫泵流道的宽度分别为 6.3m 和 4.3m。

在试验过程中可发现,-0.08m 低潮位时,循环水泵喇叭口淹没深度较小,进水流道中存在偏流现象,在大泵喇叭口附近出现了水面涡,水面涡等级一般在 2～3 级的范围内,偶尔出现挟物的 4 级漩涡,见图 5-24;试验过程中未发现水下涡。试验结果见表 5-17 和表 5-18。表面涡出现的位置主要分布在循环水泵进水管与流道后壁之间的两个拐角处,另外,在取水流道内循环水泵前侧的回流区也偶尔会出现 2～3 级的漩涡。在拐角位置的流线曲度大,水流调整不充分,造成 1～4 级漩涡间隔出现。1.21m 平均潮位时,循环水泵喇叭口附近的漩涡等级与 -0.08m 低潮位时的相同。

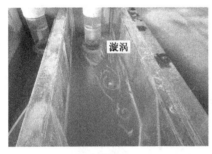

a)俯视　　　　　　　　　　　　　b)侧视

图 5-24　试验过程中出现的漩涡及偏流(低潮位,单开 B 循环泵)

原方案漩涡试验结果(低潮位)　　　　　　　表 5-17

循环泵运行情况	循环泵原型流量(m³/s)	模型流量(m³/s)	漩 涡 等 级		涡角(°)	
			A 泵流道	B 泵流道	A 泵流道	B 泵流道
单开 A 泵	19.3	0.0815	A 泵 1/3(4);无水下漩涡	—	12.35	—
单开 B 泵	19.3	0.0815	—	B 泵 1/3(4);无水下漩涡	—	12.29
2 台循环泵 + 1 台脱硫泵	34.6(2×14.55+5.56)	0.1464	A、B 泵 1/3(4);小泵 1/2(3);大小泵均无水下漩涡		8.58	8.52

续上表

循环泵运行情况	循环泵原型流量(m³/s)	模型流量(m³/s)	漩 涡 等 级		涡角(°)	
			A泵流道	B泵流道	A泵流道	B泵流道
A、B泵同时运行	10.4	0.0208	A、B泵1/3(4);大小泵均无水下漩涡		7.62	7.59

注：漩涡等级说明,1/2(3)表示漩涡处于1~2级,偶有3级漩涡发生;1/3(4)表示漩涡处于1~3级,偶有4级漩涡发生。

原方案漩涡试验结果(平均潮位)　　　　表5-18

循环泵运行情况	循环泵原型流量(m³/s)	模型流量(m³/s)	漩 涡 等 级		涡角(°)	
			A泵流道	B泵流道	A泵流道	B泵流道
A、B泵同时运行	11.05	0.0222	A、B泵1/3(4);大小泵均无水下漩涡		6.74	6.68

97%低潮位(-0.08m)条件下,A/B泵单独运行时,前池表面水流较平稳,水体进入流道时,在各自运行流道闸门前侧出现一个回流区,见图5-25,并不时出现漏斗形和间断吸气性漩涡。该回流的强度、漩涡的等级与循环水泵开泵组合、流量大小、水位高低以及流道隔墙端部的形状有关。水流经过闸门孔后,突然扩散。在闸门后侧,闸门孔上方出现一个横轴旋滚。水流经过旋转滤网分流墩后,在旋转滤网后侧出现回流;另外,在分流墩两侧的流道内,也出现了小的回流。水流经过旋转滤网进入喇叭口前方的进水流道时,出现了明显的偏流及回流现象。

A+B泵及一台脱硫泵在低潮位条件下同时运行时,水流经过箱涵进入前池,由于出口为突然扩散,出口在前池中布置非对称,水流主要受到1、2号闸门的阻挡,在闸门孔上方发生翻滚、紊动后向两侧扩散,出现明显的回流区,如1、2号闸门前出现了漩涡(图5-26),前池流态较差。水流经过闸门孔后,分别进入流道内,由于三台泵同时运行时,单泵流量较单泵运行时减小,A/B泵对应的进水流道内的偏流及回流现象稍有减弱,但仍较明显。

图5-25　单开B泵时,前池流态（1号闸门口出现漩涡）

图5-26　A+B泵同时运行时,取水口附近出现漩涡

5.3.3.2 示范工程2流道优化措施

研究二期取水泵房流道时,采用了系列的流道优化措施,包括:
①胸墙+止涡板,见图5-27。
②胸墙+流道内导流措施,见图5-28。
③胸墙+流道内导流措施+修改止涡板L Splitter,见图5-29。
④降低闸门孔+胸墙+流道内导流措施(降低至-4m),见图5-30。
⑤胸墙+流道内导流+前池消能和导流措施+修改导流锥(图5-31)。
⑥取水口漩涡治理措施,见图5-32。

由于现状条件和临时措施条件下进水流道内,喇叭口漩涡和喇叭口喉部流速下均存在A泵的轴向振动,因此,试验过程中通过采取一系列工程措施,对进水流道内的流态、流速分布、喇叭口漩涡和喉部流速进行试验,所有试验结果汇总见表5-19。

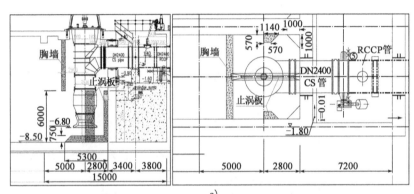

a)

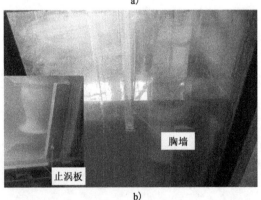

b)

图5-27 胸墙形式及安装位置图(尺寸单位:mm;高程单位:m)

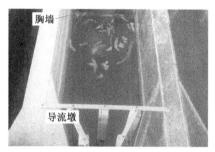

图 5-28　胸墙及导流墩布置形式(尺寸单位:mm)

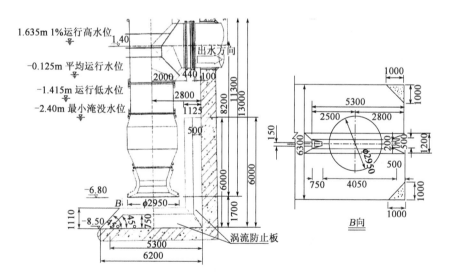

图 5-29　止涡板 L Splitter 修改方案(尺寸单位:mm;高程单位:m)

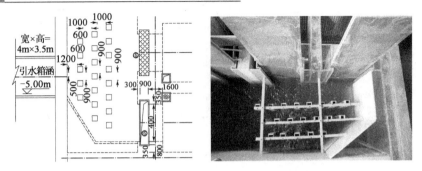

图 5-30　前池内导流墩布置形式(尺寸单位:mm)

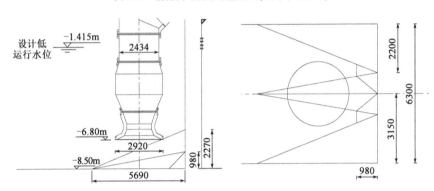

图 5-31　导流锥布置形式(尺寸单位:mm)

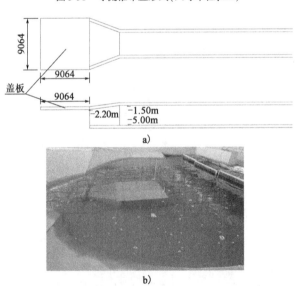

图 5-32　盖板布置及增加盖板后,取水口附近漩涡消失(尺寸单位:mm)

表 5-19 所有试验成果汇总

措施	工况 循泵运行情况	循泵原型流量 (m³/s)	喇叭口附近漩涡情况 漩涡等级 A泵流道	B泵流道	涡角(°) A泵流道	B泵流道	流道内流态 (A、B泵流态类似)	喇叭口喉部流速不均匀度(%) A泵	B泵
现状条件	单开A泵	19.3	A泵 1/3(4); 无水下漩涡	—	12.35	—	进水流道内均存在偏流及回流	10.9	—
现状条件	单开B泵	19.3	—	B泵 1/3(4); 无水下漩涡	—	12.29	进水流道内均存在偏流及回流	—	11.3
现状条件	2台循环泵+1台脱硫泵	34.6(2×14.55+5.56)	A、B泵 1/3(4); (3);大小泵均无水下漩涡		8.58	8.52	各流道内偏流及回流现象稍有减弱,但仍较明显	11	11.7
临时措施 (胸墙及止涡板)	单开A泵	19.3	A泵 1/2(3); 无水下漩涡	—	8.53	—	胸墙后侧,表面水流平静;胸墙下方的水流偏流仍存在;胸墙前侧,流道表面和水下偏流(回流)现象仍比较明显	9.5	—
临时措施 (胸墙及止涡板)	单开B泵	19.3	—	B泵 1/2(3); 无水下漩涡	—	8.24	胸墙后侧,表面水流平静;胸墙下方的水流偏流仍存在;胸墙前侧,流道表面和水下偏流(回流)现象仍比较明显	—	8.9
临时措施 (胸墙及止涡板)	2台循环泵+1台脱硫泵	34.6(2×14.55+5.56)	A、B泵 1/2(3);大小泵均无水下漩涡		5.64	5.52	胸墙后侧,表面水流平静;胸墙下方的水流偏流仍存在;胸墙前侧,流道表面和水下偏流(回流)现象仍比较明显	13.2	10.7

续上表

工况			喇叭口附近漩涡情况				流道内流态(A,B泵流态类似)	喇叭口喉部流速不均匀度(%)	
措施	循泵运行情况	循泵原型流量(m³/s)	漩涡等级		涡角(°)			A泵	B泵
			A泵流道	B泵流道	A泵流道	B泵流道			
胸墙位于2倍喇叭口直径处+流道内设3排导流墩	单开A泵	19.3	A泵1/2(3);无水下漩涡	—	4.23	—	进水流道内存在偏流及回流	9.5	—
胸墙位于2倍喇叭口直径处+流道内设3排导流墩	单开B泵	19.3	—	B泵1/2(3);无水下漩涡	—	3.94	进水流道内存在偏流及回流	—	7.8
降低闸门孔底高程至-4m+胸墙位于2倍喇叭口直径处+流道内设3排导流墩	2台循环泵+1台脱硫泵	34.6(2×14.55+5.56)	A,B大泵1/2(3);大小泵均无水下漩涡	A,B大泵1/2(3);大小泵均无水下漩涡	3.36	3.12	各流道内偏流及回流现象稍有减弱,但仍较明显	12.8	7.3
胸墙位于2倍喇叭口直径处+流道内设3排导流墩	2台循环泵+1台脱硫泵	34.6(2×14.55+5.56)	A,B大泵1/2(3);小泵1/2无水下漩涡	A,B大泵1/2(3);小泵1/2无水下漩涡	小于5°	小于5°	进水流道内偏流现象明显减弱,回流现象消失	12.3	小于10
胸墙位于2倍喇叭口直径处+前池内设3排导流墩	2台循环泵+1台脱硫泵	34.6(2×14.55+5.56)	A,B大泵1/2(3);小泵1/2无水下漩涡	A,B大泵1/2(3);小泵1/2无水下漩涡	小于5°	小于5°	进水流道内偏流消失;与断面平均流速最大偏差仅为6.6%	11.3	小于10
胸墙位于2倍喇叭口直径处+流道内设3排导流墩+修改导流锥+喇叭口下方导流锥	2台循环泵+1台脱硫泵	34.6(2×14.55+5.56)	A,B大泵1/2(3);小泵1/2无水下漩涡	A,B大泵1/2(3);小泵1/2无水下漩涡	小于5°	小于5°	进水流道内偏流现象消失	10.6	小于10

对比分析各工程措施的效果可以得到：

①通过增加胸墙距喇叭口中心线的距离，以及在进水流道内（旋转滤网后方）布置导流墩，可以有效改善进水流道内流态情况，使得偏流（回流）现象明显减弱，流道内流速分布相对均匀；循环水泵 A 和 B 进水管附近漩涡等级及进水管内涡角均满足规程要求。但对 A、B 泵同时运行时，A、B 泵喇叭口喉部各测点流速比平均流速最大偏差大于 10%。

②在①工程方案基础上，通过降低闸门底高程、在前池布置消能和导流墩、在喇叭口下方改变导流锥形式等方式分别进行了试验。研究发现，此工程措施对前池及进水流道内流态和流速、漩涡情况影响不大，在 A、B 泵同时运行时，A 泵喇叭口喉部各测点流速比平均流速最大偏差仍均大于 10%。

5.3.4 示范工程 3 研究分析

5.3.4.1 示范工程 3 不良流态及有害漩涡

(1) 进水流道内水流流态

本项目研究了不同工况和水位条件下泵房前池和流道内不同位置处的水流流态。试验水位包括平均水位（平均海平面 MSL+1.21m）和 97% 设计低潮位（-0.08m）。试验循环泵运行工况包括 1 台循环泵单独运行（$18.8\text{m}^3/\text{s}$），2 台循环泵共同运行（$2\times16.75\text{m}^3/\text{s}$）和 3 台循环泵共同运行（$3\times14.25\text{m}^3/\text{s}$）；不同循环泵运行时脱硫泵都工作，其流量为 $6.11\text{m}^3/\text{s}$。试验流量比尺为 $\lambda_Q=\lambda_L^{2.5}=498.83$。

通过试验发现，低潮位时，前池内水体紊动相对较强；流道内存在偏流现象，出现了不良流态。高潮位时，前池和流道内水流流态较低水位时稳定和平顺。不同工况组合时，前池内水流受到闸门和流道隔墙的阻挡，水体翻滚、紊动有所不同；循环水泵取水量越大，前池内水体紊动相对越强；循环水泵取水量越小，前池内水体紊动相对越弱。不同工况时，流道内水流的流态相似。图 5-33 为低潮位（-0.08m）条件下，3 台循环泵 +1 台脱硫泵同时运行时流道内的水流流态情况。从试验结果看出，各进水流道在胸墙前的水面和水下出现了偏流，这是由于流道隔墙端部正对取水暗沟的出口，在流道隔墙端部的分流作用下，从前池进入钢闸门的水存在偏流，当水流流经闸门孔、拦污栅及旋转滤网后进入进水流道。

分析出现回流的原因，海水从取水暗沟进入前池，由于出口为突然扩散，在出口两侧出现回流区；然后在前池内紊动掺混，在不同工况下进入不同的流道内；水流在前池内紊动较强，水流遇钢闸门受阻，在前池表面出现反向流，并在前池壁附近出现回流区域。该回流强度及位置与海水泵流量大小、水位高低以及流道隔墙端部的形状有关;由于海水泵的流量和水位是属于客观条件,所以可以通过修改流道隔墙端部的形状改善闸门前的流态。设计方案流道隔墙端部为半圆形(弧形),可助于减弱闸门前的回流强度,前池水体表面仅在前池壁和两侧形成回流区。经历一次扩张和收缩,扩张的时候,在旋转滤网外侧出现两个小的回流区;收缩时,在旋转滤网内侧、导流墩后侧出现了一个相对稍大一点的回流。水流在经过旋转滤网汇流后进入进水流道,最后流向海水泵进水管。水流经过闸门孔后,突然扩散。在闸门后侧,闸门孔上方出现了一个横轴旋滚,旋滚的区域处于闸门孔后上方,闸门与拦污栅之间的区域。水流经过闸门孔和拦污栅后,进入旋转滤网(外进内出型),水流首先经过导流墩向两边扩张,然后经过旋转滤网汇流。

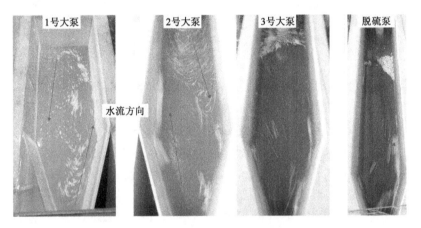

图5-33 进水流道水流流态(97%设计低潮位,3台循环泵+1台脱硫泵运行)

(2)进水流道内漩涡

本次试验研究了不同工况和水位条件下进水流道循环水泵进水口附近的水面漩涡和水下涡的情况。试验水位与试验工况与上节试验研究相同。试验流量比尺为 $\lambda_Q = \lambda_L^{2.2} = 236.70$。

通过试验研究发现,在97%低潮位(-0.08m)条件下,不同循环水泵运行工况时循环水泵喇叭口淹没深度较小,进水流道中存在偏流现象,在进水池中出现了水面涡。原方案进水池内设有胸墙,胸墙底高程-4.4m。胸墙后方的循泵喇叭口附近有轻微的表面涡纹,绝大部分时间内水面无凹陷,无连续的表层旋流,属于1级表面漩涡,漩涡等级参照Lewellen分类;水面偶尔有轻微凹陷,连续旋流的时间很短,此时属于2级漩涡。由于胸墙前方拐角附近流线曲度大,水流调整不充分,造成 1~5 级漩涡(吸气漩涡)间隔出现,见图 5-34;4~5 级漩涡持续时间从大到小排序:一台循环泵+脱硫泵运行>两台循环泵+脱硫泵同时运行>三台循环泵+脱硫泵同时运行。试验中未发现有水下涡的出现。从水流过流面积和循环水泵取水流量分析,大泵对应的流道内水流速度更大,更易形成漩涡;从喇叭口淹没深度分析,喇叭口淹没深度越小,越易形成漩涡;从漩涡持续时间分析,一台循环泵+脱硫泵运行时单台泵流量大于三台循环泵+脱硫泵同时运行时单台泵流量,漩涡持续时间则相对长。循环泵喇叭口附近的水面漩涡的强度取决于喇叭口的淹没深度(水位)及循环泵的流量,单泵流量越大、水位越低,漩涡等级及漩涡持续时间越长。

 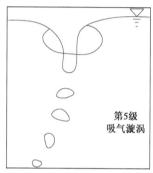

图 5-34　试验过程中胸墙前出现的 5 级表面漩涡(97% 设计低潮位,3 台循环泵+1 台脱硫泵)

由《火力发电厂循环水泵房进水流道设计规范》(DL/T 5489—2014)可知,当吸水池水面与吸水口之前形成空气吸入涡(在严重情况下,在水面与吸水口之前形成带空气核的稳定流,空气连续地进入吸水口;在不严重情况下,空气可能仅在漩涡不稳定时间间断地进入吸水口),对水泵及系统将会产生不利影响,可能导致振动、噪声和性能下降。

5.3.4.2　示范工程 3 流道优化措施

通过原设计方案试验研究结果可知,原设计方案在低潮位(-0.08m)时胸墙前方的进水流道表面间歇出现 5 级的吸气漩涡,漩涡等级超过相关要求,且进水流道内存在偏流现象,故需进行优化。优化措施主要从两个方面考虑:①优化胸墙;②在进水流道内设置整流墩。

(1)优化胸墙

在原胸墙前方设置斜板作为新的整流胸墙,原胸墙仅作结构横梁,可出水。优化方案斜置胸墙(整流斜板)的底高程为 -4.4m;斜置胸墙底端距循环水泵进水管中心线的距离大于 $2D$($D = 3.05m$ 为喇叭口直径,原型值),为 6.2m;斜置胸墙向进水流道前方倾斜角度为 30°，各流道优化后的胸墙布置形式示意图如图 5-35 所示。

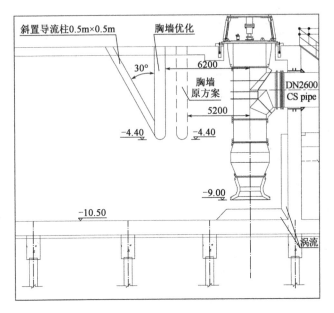

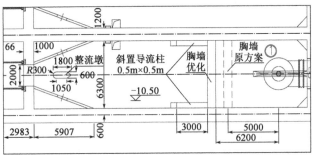

图 5-35　整流墩及胸墙优化方案示意图(尺寸单位:mm;高程单位:m)

(2)整流措施

在优化胸墙的同时,为了使进水流道中的水流更加平顺,削弱流道中的偏流,在旋转滤网后方的扩张段布置了1个整流墩,整流墩采用鱼尾形式,整流墩剖面形状、尺寸及安装位置示意见图5-27。

在低潮位(−0.08m)条件下,对胸墙优化方案进行了漩涡观测试验和进水流道断面流速测量试验,对消除泵房内不良流态和有害漩涡的措施进行了研究。

从漩涡试验研究结果来看,在低潮位(−0.08m)条件下,当采用前倾式胸墙,前倾角度为30°时,胸墙能够抑制来流使之平顺,阻止漩涡的发生,斜置胸墙前方的漩涡等级均降至1~2级,达到了消除有害漩涡的目的。另外,从进水流道典型断面流速结果来看,在低潮位(−0.08m)条件下,采取了整流墩措施后,进水流道内水流偏流现象均减弱。

取海水泵站通常由于占地面积、地质条件、工程投资等因素限制,使得前池及流道的流态不佳,水泵喇叭口附近易形成回流、漩涡等不良水流现象,潮位越低越明显,这直接影响了泵站的安全性和经济性。因此,必须采取有效措施,改善前池及流道的流态,降低漩涡的等级。

由于箱涵集中在前池的中部,使得水流流进流道内出现了偏流现象,可通过在流道中增设整流墩来减弱偏流。超临界燃煤电站取水流量较大,在极端水位条件下喇叭口的淹没深度较小,在直立胸墙前方易出现4~5级有害漩涡,可通过将直立胸墙改为斜置胸墙来消除有害漩涡。

第6章 结论与展望

6.1 主 要 结 论

本书通过系统的试验研究取得主要成果及结论如下：

(1) 强涌浪海域滨海电站海工工程综合模拟技术

①全球海洋水动力综合性分析平台。

全球海浪水文数据为本次研究的基础数据包含气压、风速、风向、波高、波向、周期、温度等。目前我们搜集了全球海域所有格点的上述要素。数据的来源包含再分析气象海浪数据、卫星高度计海浪数据、工程海域实测海洋数据。可实现各要素的平面分布特征与年际变化特征比较；将上述资料与浮标数据、卫星数据进行误差分析比较，得到各个要素在上述研究海域的误差分布特征；形成了自动化数据分析平台，针对不同的海域，采用适用较好的数据，形成自动化数据分析程序，包括风速波浪的分频分级分析，极值分析与重现期分析，即给定该海域的任意一点的经纬度值，可以实现直接查询该点的历史气象水文特征值的功能。

②采用基于风成浪大范围推算与基于 Boussinesq 方程的 TK-2D 模型实现局部海域及近岸工程海域的海浪精细化数值模拟功能。系统研究了印度洋北侧海岸的涌浪特征，波浪周期普遍长于 8s，依据工程区风速实测资料及工程外海波浪、风速预报资料分析推算工程区附近 -40m 等深线处重现期为 100 年 $H_{13\%}$ 波高为 7.30m，平均周期为 14.07s。

③采用涌浪海区滨海电站海工工程泥沙数值模拟与物理模型模拟技术相结合的方式，分析研究了涌浪海区沙质海岸近岸泥沙条件恶劣，近岸破波带宽广，近岸破波带内受较强波浪动力影响，水体挟沙力显著增强，致使滨海电站配套港区出现强浪、强流和取水共同作用下的取水明渠及港池回淤，应尽量将挡沙堤及防波堤延伸至破碎带以外。

④涌浪海区波浪周期长，滨海电站及港口码头需采用防波堤建筑物防护。防波堤多采用抛石斜坡堤，有一定的孔隙率和透水功能，也就有透热的功能。通过涌浪海区滨海电站热扩散模拟技术，根据达西定律和潮流数学模型计算结果

估算防波堤透热对取水口温升形成的影响约为0.2℃。

自主研发了全球海洋水动力分析系统(GOHS),并针对涌浪海区强浪、长周期波浪作用下港区防护形式进行了研究,包括护面块体、护底块体等,获得多项国家专利。

(2)强涌浪海域滨海电站中小型船舶装卸及系泊模拟研究

采用船舶系泊物理模型,开展了强涌浪海域涌浪海区滨海电站长周期波作用下船舶系泊特性研究,提出了长周期波浪作用下滨海电站配套码头中小型船舶的允许作业波高,填补了相关规范的空白,成果可为中国企业在波浪平均周期多为12~18s的非洲大西洋、强涌浪海域海岸建设滨海电站及港口提供了技术支撑。

通过研究长周期波浪作用下防波堤透浪对系泊的影响。本工程海区频率56.4%的波浪的透浪作用对泊稳的影响程度可达90%,因此在长周期波浪海域,透浪对系泊的影响不容小觑。

自主研发了一种试验室模拟船模靠泊试验的实用新型装置,该装置采用无极绳牵引系统,结合直流力矩可调控电机,能较好模拟了波浪作用和静水时,船模以不同偏心距和速度条件下的靠泊试验,对以往采用挂重模拟靠泊速度进行了较大改进,实现了自动控制。该装置获得国家实用新型专利,专利号:ZL20162 0166944.0。

(3)强涌浪海域滨海电站引水箱涵消浪特性研究

根据系列物理模型试验的成果,通过理论和量纲分析,建立强涌浪海域涌浪海区滨海电站引水箱涵$1/$入射波周期$(1/T)$与透浪系数(K_t)之间的关系,提出了在9~18s长周期波条件下透浪系数范围,为涌浪海区滨海电站海域外海波浪由引水箱涵传至循环水泵房前池后引起的水位波动分析提供了科学依据。分析了9~18s长周期波条件下不同取水口方案泵房前池内的水位波动情况,给出了取水口推荐方案。

(4)强涌浪海域滨海电站循环水泵房水力特性研究

通过循环水泵房进水流道物理模型,复演了场地受限的已建取水泵房的不良流态及有害漩涡,研究了系列取水流道不良流态及有害漩涡消除措施。另外,针对出现的较高等级有害漩涡,提出了设置斜置胸墙及在旋转滤网后方扩张段增加整流墩的优化措施。可为在具有长周期波作用下的滨海电站循环水泵房进水流道的设计与安全维护提供技术指导。

6.2 展　望

近年来"一带一路"特别是强涌浪海域的滨海电站及涉海工程项目逐渐增多，目前虽然依托"21世纪海上丝绸之路"与"一带一路"沿线的承建参与项目，对沿线海域的自然条件有一定的认识与了解，但工程所处海域自然条件复杂且陌生，尤其处于深槽浅滩交错、岛群多变的海域。因此，在以后的研究和走出去的进程中，要不断加强"一带一路"沿线海域相关资料的收集，为全球近岸工程海浪水动力分析系统（GOHS）不断丰富基础数据库，以期未来更好地为中国企业走出去在"一带一路"沿线承建参与更多的滨海电站海工工程、港口工程及海洋工程服务。

另外，本书主要采用物理模型和数学模型试验开展研究。在物理模型试验中，对环境荷载、泥沙、船舶、滨海电站循环水泵房均做了简化，如未考虑强涌浪海域印度尼西亚海啸灾害、孟加拉湾风暴潮灾害等，所以在以后的研究中，要把加强海啸及风暴潮灾害防护考虑进来。

参 考 文 献

[1] 交通运输部.港口与航道水文规范.JTS 145—2015[S].北京:人民交通出版社股份有限公司,2015.
[2] 交通部.波浪模型试验规程:JTJ/T 234—2001[S].北京:人民交通出版社,2002.
[3] 交通运输部.防波堤与护岸施工规范:JTS 208—2020[S].北京:人民交通出版社,2020.
[4] 中国水利学会泥沙专业委员会.泥沙手册[M].中国环境科学出版社,1992.
[5] 薛洪超,等.海岸动力学.北京:人民交通出版社,1980.
[6] 严恺,等.海岸工程[M].北京:海洋出版社,2002.
[7] 水利部.水工(专题)模型试验规程:SL 156~165—1995[S].北京:中国水利水电出版社,1995.
[8] 水利部.水工(常规)模型试验规程:SL 155—2012[S].北京:中国水利水电出版社,2012.
[9] 电力规划设计总院.电力工程水文技术规程:DL/T 5084—2012[S].北京:中国电力出版社,2012.
[10] 国家能源局.火力发电厂水工设计规程:DL/T 5339—2018[S].北京:中国计划出版社,2019.
[11] 国家能源局.火力发电厂循环水泵房进水流道设计规范:DL/T 5489—2014[S].北京:中国电力出版社,2014.
[12] 住房和城乡建设部.工业循环水冷却设计规范:GB/T 50102—2014[S].北京:中国计划出版社,2015.
[13] 合田良实.耐波工学[M].鹿岛出版社,2008.
[14] 孙湘平.中国近海区域海洋[M].北京:海洋出版社,2006.
[15] China Professional Committee,Sediment Manual[M].Beijing:China Environment Press,1992.
[16] R C Nelson,J Gonsalves. Surf Zone Transformation of wave Height to Water Depth Katies[J]. Coastal Engineering,May,1992.
[17] M B Abbott,H M Petersen,O Skovgaard. On The Numerical Modelling of Short Waves in Shallow Water[J]. Journal of Hydraulic Research,2010,16(3):

173-204.

[18] Per A Madsen, Russel Murray, Ole R Sorensen. A New Form of The Boussinesq Equations with Improved Linear Dispersion Characteristics [J]. Coastal Engineering, 1992, 18(3-4):183-204.

[19] Per A Madsen, Russel Murray, Ole R Sorensen. A New Form of The Boussinesq Equations with Improved Linear Dispersion Characteristics. Part-2 A Slowly-varying Bathymetry[J]. Coastal Engineering, 1991, 15(4):371-388.

[20] DHI. User Guide and Reference Manual of Mike21/3[R]. DHI Water&Environment, 2009.

[21] DHI, MIKE 21&3 Flow Model FM. Hydrodynamic and Transport Modulem, Scientific Documentation[R]. DHI Water & Environment, 2009.

[22] DHI, MIKE 21&3 Flow Model FM. Mud Transport Module, Scientific Documentation[R]. DHI Water & Environment, 2009.

[23] 刘海成,陈汉宝.非结构化网格在印尼亚齐电厂温排水模型中的应用研究[J].水道港口,2009(05):316-319.

[24] 张继民,吴时强,王惠民.电厂温排水区流动特性分析及模型参数的研究[J].东北水利水电,2005(8):51-52.

[25] 高峰.涌浪控制下的砂质海岸建港条件研究[R].天津:交通运输部天津水运工程科学研究所,2012.

[26] 罗缙,林颖.火(核)电站循环水泵房前池水力模型试验研究[J].河海大学学报(自然科学版),2000(5):106-110.

[27] 邱静,杜涓.台山发电厂一期工程循环水泵进水流道水力性能试验研究[J].广东水利水电,2002.

[28] 张慈珩,陈汉宝,迟杰.印尼S2P电厂防波堤紧急修复工程波浪数学模型试验研究报告[R].天津:交通运输部天津水运工程科学研究院,2010.

[29] 刘海成,陈汉宝.印尼S2P电厂防波堤紧急修复工程潮流和水流数学模型研究报告[R].天津:交通运输部天津水运工程科学研究院,2010.

[30] 高峰,曹玉芬,等.印尼S2P电站防波堤紧急修复工程岸滩稳定与泥沙冲淤现状分析[R].天津:交通运输部天津水运工程科学研究所,2010.

[31] 高峰,曹玉芬,等.印尼S2P电站防浪堤工程泥沙运动与冲淤问题物理模型试验研究报告[R].天津:交通运输部天津水运工程科学研究所,2010.

[32] 戈龙仔,刘海源,郑子龙.印尼S2P电厂防波堤紧急修复工程岸滩稳定与泥沙冲淤现状分析报告[R].天津:交通运输部天津水运工程科学研究

所,2010.

[33] 栾英妮,张慈珩,徐亚男.印尼芝拉扎燃煤电站二期1×660MW机组扩建项目波浪数学模型研究报告[R].天津:交通运输部天津水运工程科学研究所,2014.

[34] 高峰,赵鹏,沈文君.印尼芝拉扎燃煤电站二期1×660MW机组扩建项目海岸河口演变分析与取排水口泥沙冲淤分析报告[R].天津:交通运输部天津水运工程科学研究所,2014.

[35] 刘海成,谭忠华.印尼芝拉扎燃煤电站二期1×660MW机组扩建项目潮流温排水数学模型试验研究报告[R].天津:交通运输部天津水运工程科学研究所,2014.

[36] 谭忠华,杨会利,刘海成,等.印尼芝拉扎电站二期项目流道物理模型试验研究报告[R].天津:交通运输部天津水运工程科学研究所,2016.

[37] 张亚敬,杨会利,黄美玲.印尼芝拉扎电厂扩建水工工程模型试验研究波浪数学模型研究报告[R].天津:交通运输部天津水运工程科学研究所,2016.

[38] 高峰.印尼芝拉扎电厂扩建水工工程模型试验研究港区泥沙冲淤研究报告[R].天津:交通运输部天津水运工程科学研究所,2016.

[39] 杨会利,戈龙仔.印尼芝拉扎电厂扩建水工工程模型试验研究波浪断面物理模型试验研究报告[R].天津:交通运输部天津水运工程科学研究所,2016.

[40] 耿宝磊,李焱,沈文君.印尼芝拉扎电厂扩建水工工程模型试验研究船舶系泊物理模型试验研究报告[R].天津:交通运输部天津水运工程科学研究所,2016.

[41] 张亚敬,杨会利,黄美玲.印尼芝拉扎燃煤电站三期1×1000MW机组扩建项目波浪数学模型研究报告[R].天津:交通运输部天津水运工程科学研究所,2018.

[42] 黄美玲,周志博.印尼芝拉扎电站三期项目海岸河口演变分析与取排水口泥沙冲淤分析报告[R].天津:交通运输部天津水运工程科学研究所,2018.

[43] 黄美玲,周志博,陈松贵.印尼芝拉扎电站三期项目潮流和温排水数学模型试验研究报告[R].天津:交通运输部天津水运工程科学研究所,2018.

[44] 谭忠华,杨会利,刘海成.印尼芝拉扎燃煤电站三期1×1000MW机组扩建项目循环水泵房水力特性研究物理模型试验研究报告[R].天津:交通运

输部天津水运工程科学研究所,2018.

[45] 周志博,张亚敬,沈文君,等.印尼芝拉扎燃煤电站三期1×1000MW机组扩建项目取水构筑物物理模型试验研究报告[R].天津:交通运输部天津水运工程科学研究所,2018.

[46] 张亚敬,谭忠华,周志博.印尼芝拉扎燃煤电站三期1×1000MW机组扩建项目排水构筑物物理模型试验研究报告[R].天津:交通运输部天津水运工程科学研究所,2018.

[47] 杨会利,周志博.印尼芝拉扎燃煤电站三期1×1000MW机组扩建项目排水导流堤波浪断面物理模型试验研究报告[R].天津:交通运输部天津水运工程科学研究所,2018.

[48] 江文铂.国内外运输船舶发展趋势对湛江港的启示[J].中国水运,2011,11(12):23-24.

[49] 罗跃华.集装箱船舶的大型化发展趋势[J].水运管理,2011,33(7):37-39.

[50] 交通运输部水利局.港口工程荷载规范:JTS 144-1—2010[S].北京:人民交通出版社,2011.

[51] 苏树铮.海水盐度和波浪对滨海电厂取水的影响[J].中国电力,1991(2):44-45.

[52] 季则舟,杨永,张本立,等.田湾核电站取水头部总体布置中考虑的几个问题[J].中国港湾建设,2005(2):17-20.

[53] 侯树强,王彦龙,刘诗华.滨海核电厂取水泵房前池水位波动控制标准的探讨[J].中国港湾建设,2014(11):4-7.

[54] 陈锋.中国滨海核电厂取水明渠口门布置原则[J].核安全,2009(2):25-29.

[55] 史力生,潘军宁.滨海核电站取水渠长周期波动现象及其消减[J].水利学报,2009,40(2):201-207,213.

[56] 谭忠华,刘海成,杨会利,等.印尼芝拉扎燃煤电站三期1×1000MW机组扩建项目循环水泵房水力特性研究物理模型试验研究[R].天津:交通部天津水运工程科学研究所,2017.

[57] 沈文君,张亚敬,杨会利.印尼芝拉扎燃煤电站三期1×1000MW机组扩建项目取水构筑物物理模型试验报告[R].天津:交通运输部天津水运工程科学研究所,2017.

[58] 刘海源,徐亚男.风浪与涌浪相互影响的实验[J].天津大学学报(自然科

学与工程技术版),2013(12):1122-1126.

[59] 张先武,高峰.印度尼西亚 ADIPALA 海岸水文与泥沙条件分析[J].水道港口,2013,34(5):369-375.

[60] 陈汉宝,戈龙仔,王美菇,等.双联块体稳定性试验研究及参数测定[J].水运工程,2013(6):20-23.

[61] 陈汉宝,徐海珏,白玉川.振荡流底层拟序结构运动理论模式[J].天津大学学报(自然科学与工程技术版),2014(3):267-275.

[62] 张先武,陈松贵,陈汉宝.强浪条件下沙质海岸施工期泥沙淤积特征研究[J].水道港口,2017,38(4):337-343.

[63] 陈汉宝,陈松贵,周加杰,等.斜坡堤在涌浪作用下的越浪量试验研究[J].港工技术,2015,52(5):22-25.

[64] Li-Yan. Experimental Study on the LNG berth length Influence on ship mooring conditions[C]. 2014 5th International Conference on Intelligent Systems Design and Engineering Applications,2014:461-463.

[65] 高峰,雷华,刘海成,等.涌浪控制下的砂质海岸建港条件关键技术研究[J].港工技术,2015(5):15-21.

[66] 谭忠华,杨会利,陈汉宝,等.超临界燃煤电站取水泵站流道内流态及整流措施试验研究[J].水道港口,2018,39(3):330-335,376.

[67] 刘海成,陈汉宝.电厂取水明渠布置形式对取水温升的影响研究[J].水道港口,2011,32(5):317-320.

[68] 杨会利,许磊磊,陈汉宝.涌浪对防波堤稳定性影响的试验研究[J].水运工程,2016(4):78-82.

[69] 姜云鹏,陈汉宝,赵旭,等.长周期波浪冲击下胸墙受力试验[J].水运工程,2018,42(05):44-48.

[70] 孟祥玮,高学平,张文忠,等.波浪作用下船舶系缆力的计算方法[J].天津大学学报,2011,44(7):593-596.

[71] 中国海洋工程学会.第十五届中国海洋(岸)工程学术讨论会论文集[C].北京:海洋出版社,2011.

[72] 徐亚男,冯建国.斯里兰卡科伦坡临近海域波浪数值模拟[J].水道港口,2014(4):312-316.

[73] 徐亚男,高峰.缅甸土瓦海域的海浪模拟与分析[J].水道港口,2015,36(6):523-527.

[74] Li Da-ming, Xu Ya-nan. Study of Tracking Methods in Free Surface and

Simulation of a Liquid Droplet Impacting on a Solid Surface Based on SPH [J]. Journal of Hydrodynamics, Ser. B, 2011, 23(4): 447-456.

[75] 刘海成,陈汉宝.非结构化网格在印尼亚齐电厂温排水模型中的应用研究[J].水道港口,2009,30(5):316-319.

[76] 刘海成,刘军其,周华兴.印尼 ADIPALA 电厂取水头和泵房内漩涡治理物理模型试验研究[J].水道港口,2012,33(2):119-123.

[77] 刘海成,王赟江,张亮,等.港内波能集中及治理措施试验研究[J].水道港口,2010,31(5):421-424.

[78] 高峰,张小钏,汪芬,等.印尼 BANTEN 电厂取水泵站取水流道试验研究[J].水利科技与经济,2014,20(3):63-66.